BEI GRIN MACHT SICH IHR WISSEN BEZAHLT

- Wir veröffentlichen Ihre Hausarbeit, Bachelor- und Masterarbeit

- Ihr eigenes eBook und Buch - weltweit in allen wichtigen Shops

- Verdienen Sie an jedem Verkauf

Jetzt bei www.GRIN.com hochladen und kostenlos publizieren

Bibliografische Information der Deutschen Nationalbibliothek:

Die Deutsche Bibliothek verzeichnet diese Publikation in der Deutschen National-
bibliografie; detaillierte bibliografische Daten sind im Internet über http://dnb.d-
nb.de/ abrufbar.

Impressum:

Copyright © 2015 GRIN Verlag, Open Publishing GmbH
Druck und Bindung: Books on Demand GmbH, Norderstedt Germany
ISBN: 9783656908388

Dieses Buch bei GRIN:

https://www.grin.com/document/293322

Erich Bulitta, Hildegard Bulitta

Nachhilfe Mathematik - Teil 1: Grundrechnungsarten und Zahlenraum bis zur Billion

GRIN Verlag

GRIN - Your knowledge has value

Der GRIN Verlag publiziert seit 1998 wissenschaftliche Arbeiten von Studenten, Hochschullehrern und anderen Akademikern als eBook und gedrucktes Buch. Die Verlagswebsite www.grin.com ist die ideale Plattform zur Veröffentlichung von Hausarbeiten, Abschlussarbeiten, wissenschaftlichen Aufsätzen, Dissertationen und Fachbüchern.

Besuchen Sie uns im Internet:

http://www.grin.com/

http://www.facebook.com/grincom

http://www.twitter.com/grin_com

Reihe Mathematik

Teil 1: Grundrechnungsarten und Zahlenraum bis zur Billion

Gesamtband

Erich und Hildegard Bulitta

Vorwort – Teil 1: Grundrechnungsarten – Gesamtband

Liebe Schülerinnen und Schüler, liebe Eltern, liebe Lehrerinnen und Lehrer!

Die neue Reihe „Nachhilfe – Mathematik" wendet sich an alle Schülerinnen und Schüler, die ihre schulischen Leistungen im Fach Mathematik verbessern und vertiefen wollen, um bessere Noten zu erzielen und fit für den Übergang in eine andere Schulart zu werden.

Eltern haben mit diesen pädagogisch erprobten Aufgaben die Möglichkeit, die schulischen Leistungen ihrer Kinder zu verbessern, sie für das Fach Mathematik zu motivieren, so dass auch der Übergang in eine andere Schulform leichter fällt.

Die Reihe „Nachhilfe – Mathematik" wendet sich aber auch an Lehrerinnen und Lehrer, die die einzelnen Arbeitsblätter einfach kopieren und für ihren Einsatz im Unterricht (auch für Vertretungsstunden) einsetzen können. Auf diese Weise brauchen sie sich nicht die Mühe machen, selbst Aufgaben so zusammenzustellen, dass sie ihre Schülerinnen und Schüler auch verstehen und sie ihren Erfolg selbst sehen.

Die Seiten sind so gestaltet, dass die Aufgaben direkt bearbeitet werden können. Selbstverständlich können die einzelnen Bände dieser Reihe ganz alleine durchgearbeitet werden, aber besser ist es sicherlich, wenn jemand den Fortschritt kontrolliert. Alle Aufgaben werden in kleinen Schritten erklärt und erarbeitet, so dass es leicht ist, zu verstehen, wie das „Rechnen" geht. Die verschiedenen Aufgaben können dann selbst nachvollzogen und angewandt werden. Der Lösungsteil dient der Kontrolle. Im Anhang werden jeweils verschiedene wichtige Grundlagen für das Fach Mathematik angegeben.

Die Reihe „Nachhilfe – Mathematik" ist unabhängig von Jahrgangsstufe, Schulart und Schulbuch und bietet in konzentrierter Form jeweils einen Teilbereich des Faches Mathematik an.

Jeder einzelne Teil der Reihe gliedert sich in zwei Einzelbände (Band 1 und Band 2) und einen Gesamtband, der die beiden Bände 1 und 2 enthält.

Teil 1 dieser Reihe behandelt die Grundrechnungsarten, die Grundlagen des Faches Mathematik sind. Das sichere Beherrschen der Grundrechnungsarten ist eine wichtige Voraussetzung für die anderen Rechenarten und für den Übertritt in eine andere Schulart.

Dabei werden die einzelnen Teilgebiete (Addition, Subtraktion, Multiplikation und Division, Übungen mit den vier Grundrechnungsarten mit Regeln) in kleinen Schritten behandelt und ausführlich erklärt. Somit ergibt sich eine echte Nachhilfe, um sicher mit den Grundrechnungsarten umzugehen. Die Aufgaben sind so aufgebaut, dass sie alleine und ohne fremde Hilfe gelöst werden können.

Ausgehend von „leichten" Aufgaben werden die Schüler auch an schwierigere Aufgaben und Sachaufgaben herangeführt. Die Lösungsschritte werden erklärt und am Ende zeigen die Lösungen, ob richtig gerechnet worden ist.

Wir sind sicher, dass diese neue Reihe eine echte Nachhilfe ist. Die jeweiligen Arbeitshefte sind so angelegt, dass in das Heft geschrieben werden kann.

Zum Schluss noch ein Tipp: Arbeite das Heft sorgfältig durch, dann bekommst du die Sicherheit, die du für das Fach Mathematik brauchst. Wir wünschen dir viel Spaß dabei.

Empfehle diese Reihe auch deinen Mitschülerinnen und Mitschülern, die Schwierigkeiten im Fach Mathematik haben und sich verbessern wollen.

Die Reihe Nachhilfe – Mathematik

Teil 1:   **Grundrechnungsarten und Zahlenraum bis zur Billion**

Teil 2:   **Bruchrechnen und Dezimalzahlen**

Teil 3:   **Gleichungen**

Teil 4:   **Prozentrechnen**

Teil 5:   **Zins- und Promillerechnen**
Band 1: Grundkurs
Band 2: Aufbaukurs
Gesamtband

Teil 6:   **Übungsbuch zur gezielten Vorbereitung auf Abschlussprüfungen**

Folgt dem QR-Code zu allen bereits veröffentlichten Bänden der Reihe „Nachhilfe Mathematik":
https://www.grin.com/profile/1095312/#documents

Inhaltsverzeichnis – Teil 1: Grundrechnungsarten – Gesamtband

Im Zahlenraum der Million – Wiederholung

1. Rechnen mit großen Zahlen

Erinnerst du dich noch? In der Grundschule hast du bereits mit großen Zahlen gerechnet. Schreibe einige auf, trenne sie mit Komma ab.

8 432 212, 12 435, _____

_____

_____

2. Lesen und Schreiben von großen Zahlen

a) Lies folgende Zahlen.

123 432, 23 500, 1 234 290, 435 001, 17 632, 4 850 312, 3 432 098
8 120 950, 7 876 392, 3 984 005, 64 321, 1 436 839, 90 083 218

Wahrscheinlich hast du bei einigen Zahlen Schwierigkeiten gehabt. Leichter wird es, wenn die Zahlen in Stellentafeln eingeordnet werden.

b) Schreibe auf, was die Abkürzungen in der Stellentafel bedeuten:

M = _____   HT = _____

ZT = _____   T = _____

H = _____   Z = _____

E = _____

c) Ordne nun diese Zahlen in die Stellentafel ein.

M	HT	ZT	T	H	Z	E
	1	2	3	4	3	2

3. Zerlegen von großen Zahlen

a) Zerlege jetzt große Zahlen im Bereich der Million in Stellenwerte.

Beispiel: 4 428 943 = 4 M   4 HT   2 ZT   8 T   9 H   4 Z   3 E

3 750 732 = _____

6 094 759 = _____

4 087 113 = _____

9 006 534 = _____

8 921 123 = _____

340 541 = _____

96 077 = _____

b) Nun geht es umgekehrt. Du erhältst die Zahlen in Stellenwerten und sollst sie als Zahlen aufschreiben. Sprich immer laut dazu.

Beispiel: 5 M 9 HT 8 ZT 4 T 0 H 3 Z 6 E = 5 984 036

6 M 3 HT 0 ZT 7 T 5 H 8 Z 9 E = _____

9 M 8 HT 2 ZT 1 T 8 H 7 Z 0 E = _____

3 M 2 HT 1 ZT 9 T 2 H 9 Z 3 E = _____

1 M 0 HT 4 ZT 8 T 4 H 2 Z 1 E = _____

8 M 7 HT 6 ZT 4 T 3 H 5 Z 2 E = _____

2 M 4 HT 5 ZT 2 T 1 H 3 Z 8 E = _____

4 M 1 HT 3 ZT 3 T 6 H 8 Z 4 E = _____

5 M 5 HT 7 ZT 5 T 7 H 0 Z 7 E = _____

c) Damit du sicher mit den großen Zahlen umgehen kannst, zerlegen wir sie nun in ganze Millionen, Hunderttausender, Zehntausender, Tausender, Hunderter, Zehner und Einer.

Beispiel: 6 748 654 = 6 000 000 + 700 000 + 40 000 + 8 000 + 600 + 50 + 4

Zerlege nun ebenso.

4 866 321 = _____

6 972 754 = _____

9 263 887 = _____

3 144 539 = _____

1 856 323 = _____

7 270 643 = _____

2 907 006 = _____

9 994 103 = _____

7 943 105 = _____

4 863 009 = _____

d) Jetzt geht es umgekehrt. Wie heißt die Zahl? Rechne im Kopf, schreibe sie und sprich laut dazu.

Beispiel: 5 000 000 + 300 000 + 40 000 + 5 000 + 300 + 20 + 1   = 5 345 321

7 000 000 + 600 000 + 20 000 + 7 000 + 200 + 90 + 0   = _____

8 000 000 + 300 000 + 60 000 + 1 000 + 900 + 20 + 7   = _____

9 000 000 + 400 000 + 10 000 + 3 000 + 600 + 80 + 2   = _____

4 000 000 + 100 000 + 30 000 + 5 000 + 100 + 70 + 6   = _____

1 000 000 + 200 000 + 40 000 + 6 000 + 300 + 40 + 4   = _____

2 000 000 + 500 000 + 50 000 + 4 000 + 700 + 50 + 1   = _____

3 000 000 + 700 000 + 70 000 + 8 000 + 800 + 60 + 3   = _____

9 000 000 + 300 000 + 20 000 + 1 000 + 400 + 10 + 5   = _____

4. Geschriebene Zahlen

Kannst du die folgenden Zahlen lesen und sie mit Ziffern schreiben?

Beispiel: vierundzwanzigtausenddreihundertsechsundachtzig   = 24 386

dreihunderttausendsiebenhundertfünfundneunzig   = _____

viermillionenvierunddreißigtausendsechshundertneunzehn   = _____

neunmillionenneunhundertsechstausendvierhundertsiebzig   = _____

siebenmillionenachthundertneunundneunzigtausendzweihundert   = _____

achthundertsechsundfünfzigtausendvierhundertsiebenunddreißig   = _____

fünfhundertdreiundzwanzigtausendsechshundertundvierzig   = _____

neununddreißigtausendsiebenhundertsiebenundneunzig   = _____

vierundachtzigtausendsiebenhundertsechsunddreißig   = _____

sechsmillionendreiundfünfzigtausendeinhundertfünf   = _____

zwölfmillionenviertausendsiebenundneunzig   = _____

vierhundertachtundvierzigtausenddreihundertfünfunddreißig   = _____

5. Ergänze zur Million

Da das gar nicht so einfach ist, solltest du schrittweise vorgehen. Wie es geht, zeigt dir das Beispiel.

Beispiel: Ergänze 256 439 zu 1 000 000.

Ergänzen zum nächsten Tausender:	256 439	**561**	+ =	257 000
Ergänzen zum nächsten Hunderttausender:	257 000	**43 000**	+ =	300 000
Ergänzen zur Million:	300 000	**700 000**	+ =	1 000 000
	256 439		+ **743 561**	= 1 000 000

Rechne nun ebenso und ergänze immer zu einer Million.

479 543

Ergänzen zum T: _____ + _____ = _____

Ergänzen zum HT: _____ + _____ = _____

Ergänzen zur M: _____ + _____ = _____

_____ + _____ = _____

850 521

Ergänzen zum T: _____ + _____ = _____

Ergänzen zum HT: _____ + _____ = _____

Ergänzen zur M: _____ + _____ = _____

_____ + _____ = _____

765 087

Ergänzen zum T: _____ + _____ = _____

Ergänzen zum HT: _____ + _____ = _____

Ergänzen zur M: _____ + _____ = _____

_____ + _____ = _____

195 086

Ergänzen zum T: _____ + _____ = _____

Ergänzen zum HT: _____ + _____ = _____

Ergänzen zur M: _____ + _____ = _____

_____ + _____ = _____

751 430

Ergänzen zum T: _____ + _____ = _____

Ergänzen zum HT: _____ + _____ = _____

Ergänzen zur M: _____ + _____ = _____

_____ + _____ = _____

583 745

Ergänzen zum T: _____ + _____ = _____

Ergänzen zum HT: _____ + _____ = _____

Ergänzen zur M: _____ + _____ = _____

_____ + _____ = _____

689 563

Ergänzen zum T: _____ + _____ = _____

Ergänzen zum HT: _____ + _____ = _____

Ergänzen zur M: _____ + _____ = _____

_____ + _____ = _____

277 476

Ergänzen zum T: _____ + _____ = _____

Ergänzen zum HT: _____ + _____ = _____

Ergänzen zur M: _____ + _____ = _____

_____ + _____ = _____

743 879

Ergänzen zum T: _____ + _____ = _____

Ergänzen zum HT: _____ + _____ = _____

Ergänzen zur M: _____ + _____ = _____

_____ + _____ = _____

6. Kopfrechnen mit großen Zahlen

Rechne im Kopf und schreibe dann das Ergebnis auf.

a) Wie heißt die größte sechsstellige Zahl?   _____

b) Wie heißt die kleinste sechsstellige Zahl?   _____

c) Schreibe mit den Ziffer 3, 6, 4, 9, 8, 0 die größtmögliche und die kleinstmögliche sechsstellige Zahl.

die größte Zahl: _____   die kleinste Zahl: _____

d) Addiere die Ergebnisse von c   _____

e) Subtrahiere die Ergebnisse von c   _____

f) Ergänze zu einer Million.

$550\ 000 + $ _____ $ = 1\ 000\ 000$ $630\ 000 + $ _____ $ = 1\ 000\ 000$

$170\ 000 + $ _____ $ = 1\ 000\ 000$ $740\ 000 + $ _____ $ = 1\ 000\ 000$

$380\ 000 + $ _____ $ = 1\ 000\ 000$ $520\ 000 + $ _____ $ = 1\ 000\ 000$

$890\ 000 + $ _____ $ = 1\ 000\ 000$ $980\ 000 + $ _____ $ = 1\ 000\ 000$

g) Ziehe von einer Million ab.

$1\ 000\ 000 - 320\ 000 = $ _____ $1\ 000\ 000 - 860\ 000 = $ _____

$1\ 000\ 000 - 290\ 000 = $ _____ $1\ 000\ 000 - 480\ 000 = $ _____

$1\ 000\ 000 - 990\ 000 = $ _____ $1\ 000\ 000 - 530\ 000 = $ _____

$1\ 000\ 000 - 760\ 000 = $ _____ $1\ 000\ 000 - 640\ 000 = $ _____

h) Addiere.

$2\ 500\ 000 + 3\ 400\ 000 = $ _____ $7\ 700\ 000 + 2\ 200\ 000 = $ _____

$1\ 600\ 000 + 8\ 100\ 000 = $ _____ $6\ 300\ 000 + 3\ 900\ 000 = $ _____

$4\ 300\ 000 + 4\ 800\ 000 = $ _____ $2\ 600\ 000 + 4\ 800\ 000 = $ _____

$1\ 700\ 000 + 5\ 600\ 000 = $ _____ $8\ 100\ 000 + 2\ 300\ 000 = $ _____

7. Addieren und subtrahieren mit großen Zahlen

Rechne aus und schreibe die Ergebnisse auf die Zeilen. Vergesse die Benennung nicht.

8 543 €	15 749 €	34 291 €
+ 43 652 €	+ 31 957 €	+ 51 574 €
_____	_____	_____

45,21 € + 19,54 €	81,58 € + 58,53 €	31,98 € + 23,97 €
_____	_____	_____
109 321 kg – 65 213 kg	234 213 kg – 54 908 kg	276 098 kg – 176 980 kg
_____	_____	_____
97,35 € – 54,83 €	43,86 € – 37,86 €	98,54 € – 87,61 €
_____	_____	_____

8. Multiplizieren und Dividieren von großen Zahlen

Rechne aus.

25 • 36   76 • 41   32 • 89   76 • 43

_____   _____   _____   _____
_____   _____   _____   _____
_____   _____   _____   _____

125 • 654   874 • 321   456 • 869   820 • 126

_____   _____   _____   _____
_____   _____   _____   _____
_____   _____   _____   _____

2940 : 12 = _____   23095 : 31 = _____

9. Hier hat sich der Fehlerteufel eingeschlichen

Finde ihn, streiche die falschen Zahlen durch und rechne richtig darunter.

```
  24 457 km        110 546 km        325 876 g         984 325 m
+ 32 565 km      + 345 876 km       - 86 987 g        - 32 678 m
  57 021 km        455 423 km        248 988 g       1 017 003 m
```

```
_____         _____         _____         _____

+ _____       + _____       - _____       - _____

_____         _____         _____         _____
```

```
 234 · 876        859 · 764        145 · 901        4564 · 309
  187200           601200           140500           1369200
   16380            51540            00000            00000
    1494             3436              145             410760
  204994           656276           130645           1410276
```

```
 234 · 876        859 · 764        145 · 901        4564 · 309

_____         _____         _____         _____

_____         _____         _____         _____

_____         _____         _____         _____

_____         _____         _____         _____
```

```
45764 : 65  = 704 R 4          54832 : 81  = 676 R 76
456                            486
  264                          633
  260                          567
    4                          562
                               486
                                76
```

```
45764 : 65  = _____        54832 : 81  = _____

___                            ___

  ___                            ___

  ___                            ___

   -                             ___

                                 ___

                                 ___
```

Rechnen im Zahlenraum der Milliarden und Billionen

In der Zwischenzeit hast du deinen Zahlenraum erweitert. Du kannst jetzt bis zu einer Billion rechnen. Nun kannst du zeigen, dass du schon schrittweise in diesem neuen Zahlenraum rechnen kannst.

1. Lesen und Schreiben der neuen großen Zahlen

a) Lies folgende Zahlen.

25 457 864 876,	1 345 875 532 987,	45 543 986 087 871,	109 843 012 654 987
654 876 321 654,	94 600 459 987,	54 765 097 542,	987 512 976 087 421

Sicherlich wird es dir auch hier leichter fallen, wenn du die Zahlen in die Stellentafeln eingeordnet hast. Dazu brauchst du aber einige neue Bezeichnungen.

b) Schreibe auf, was die Abkürzungen in der Stellentafel bedeuten:

ZM = _____   HM = _____

Mrd = _____   ZMrd = _____

HMrd = _____   B = _____

ZB = _____   HB = _____

c) Ordne nun die Zahlen in die Stellentafel ein.

HB	ZB	B	HMrd	ZMrd	Mrd	HM	ZM	M	HT	ZT	T	H	Z	E

2. Zerlegen von großen Zahlen

a) Zerlege nun große Zahlen im Bereich der Milliarden und Billionen in Stellenwerte.

Beispiel: 600 54 006 200 987 = 6 HB 5 ZMrd 4 Mrd 6 M 2 HT 9 H 8 Z 7 E

10 400 100 030 765 = _____

5 230 400 765 876 = _____

500 320 500 765 = _____

700 800 001 035 651 = _____

15 003 107 980 761 = _____

200 700 200 021 611 = _____

3 021 876 000 799 = _____

b) Jetzt geht es umgekehrt. Die Zahlen werden in Stellenwerten vorgegeben und du schreibst sie als Zahlen auf. Sprich immer laut dazu. Achtung, diesmal ist es aber etwas schwieriger!

Beispiel: 5B 7HMrd 5ZM 7HT 8T 5H 8Z 9E = 5 700 050 708 589

3HB 9ZB 6HMrd 2HM 9ZM 4HT 4H 3Z 5E = _____

4ZB 5B 9HMrd 3HM 4ZM 5M 5HT 7H 6Z 5E = _____

4HB 3ZB 7HMrd 7ZMrd 2HM 7ZM 1M 6HT 5ZT 1T 8H = _____

7Mrd 6HM 5HT 4ZT 1H 2Z 1E = _____

2HB 5ZB 3HM 9HT 9ZT 3H 8Z 8E = _____

9HB 9ZB 4HMrd 7HM 3ZM 6HT 5ZT 1T = _____

1B 3HMrd 4ZMrd 5Mrd 7HM 6ZM 5M 8HT 9ZT 8H 7Z 1E = _____

4ZB 2B 1HMrd 3HM 5ZM 3HT 9ZT 7H = _____

3. Geschriebene Zahlen

Kannst du die folgenden Zahlen lesen und sie mit Ziffern schreiben?

Beispiel: vierbillionensiebenhunderfünfzigmilliardenneunhundertdreißig-

millionenfünfhundertausendsiebenhundertundvierzig: 4 750 930 500 740

zweiundvierzigbillioneneinunddreißigmilliardenneunhundertzwei-
undfünfzigmillionendreihundertvierzigtausendzweihundertundeins: _____

neunzehnmilliardensiebenhundertzweiundzwanzigmillionenneun-
hunderteinundfünfzigtausendsechshundertzweiundneunzig: _____

dreißigbillionenachthundertzweiunddreißigmilliardenneunzig-
millionenfünfundsiebzigtausendeinhundertundelf: _____

sechsundzwanzigmilliardenvierhundertfünfzigmillionensechs-
tausendvierhundertsiebenundvierzig: _____

4. Ergänzen zur Milliarde

Das ist gar nicht so einfach, deshalb ist es besser, wenn du schrittweise vorgehst. Im vorherigen Kapitel hast du es ja schon geübt. Wie es geht, zeigt dir das Beispiel.

Beispiel: Ergänze 341 768 654 zu 1 000 000 000.

Ergänzen zum nächsten T:	341 768 654 +	**346**	= 341 769 000
Ergänzen zum nächsten ZT:	341 769 000 +	**1 000**	= 314 770 000
Ergänzen zum nächsten HT:	341 770 000 +	**30 000**	= 341 800 000
Ergänzen zur nächsten M:	341 800 000 +	**200 000**	= 342 000 000
Ergänzen zur nächsten ZM:	342 000 000 +	**8 000 000**	= 350 000 000
Ergänzen zur nächsten HM:	350 000 000 +	**50 000 000**	= 400 000 000
Ergänzen zur Mrd:	400 000 000 +	**600 000 000**	= 1 000 000 000
	314 768 654 +	**658 231 346**	= 1 000 000 000

Rechne nun ebenso. Ergänze immer zu einer Milliarde.

348 301 543

Ergänzen zum T: _____ + _____ = _____

Ergänzen zum ZT: _____ + _____ = _____

Ergänzen zum HT: _____ + _____ = _____

Ergänzen zur M: _____ + _____ = _____

Ergänzen zur ZM: _____ + _____ = _____

Ergänzen zur HM: _____ + _____ = _____

Ergänzen zur Mrd: _____ + _____ = _____

_____ + _____ = _____

543 035 651

Ergänzen zum T: _____ + _____ = _____

Ergänzen zum ZT: _____ + _____ = _____

Ergänzen zum HT: _____ + _____ = _____

Ergänzen zur M: _____ + _____ = _____

Ergänzen zur ZM: _____ + _____ = _____

Ergänzen zur HM: _____ + _____ = _____

Ergänzen zur Mrd: _____ + _____ = _____

_____ + _____ = _____

123 446 537

Ergänzen zum T: _____ + _____ = _____

Ergänzen zum ZT: _____ + _____ = _____

Ergänzen zum HT: _____ + _____ = _____

Ergänzen zur M: _____ + _____ = _____

Ergänzen zur ZM: _____ + _____ = _____

Ergänzen zur HM: _____ + _____ = _____

Ergänzen zur Mrd: _____ + _____ = _____

_____ + _____ = _____

780 542 758

Ergänzen zum T: _____ + _____ = _____

Ergänzen zum ZT: _____ + _____ = _____

Ergänzen zum HT: _____ + _____ = _____

Ergänzen zur M: _____ + _____ = _____

Ergänzen zur ZM: _____ + _____ = _____

Ergänzen zur HM: _____ + _____ = _____

Ergänzen zur Mrd: _____ + _____ = _____

_____ + _____ = _____

558 035 876

Ergänzen zum T: _____ + _____ = _____

Ergänzen zum ZT: _____ + _____ = _____

Ergänzen zum HT: _____ + _____ = _____

Ergänzen zur M: _____ + _____ = _____

Ergänzen zur ZM: _____ + _____ = _____

Ergänzen zur HM: _____ + _____ = _____

Ergänzen zur Mrd: _____ + _____ = _____

_____ + _____ = _____

745 820 544

Ergänzen zum T: _____ + _____ = _____

Ergänzen zum ZT: _____ + _____ = _____

Ergänzen zum HT: _____ + _____ = _____

Ergänzen zur M: _____ + _____ = _____

Ergänzen zur ZM: _____ + _____ = _____

Ergänzen zur HM: _____ + _____ = _____

Ergänzen zur Mrd: _____ + _____ = _____

_____ + _____ = _____

256 765 877

Ergänzen zum T: _____ + _____ = _____

Ergänzen zum ZT: _____ + _____ = _____

Ergänzen zum HT: _____ + _____ = _____

Ergänzen zur M: _____ + _____ = _____

Ergänzen zur ZM: _____ + _____ = _____

Ergänzen zur HM: _____ + _____ = _____

Ergänzen zur Mrd: _____ + _____ = _____

_____ + _____ = _____

887 003 123

Ergänzen zum T: _____ + _____ = _____

Ergänzen zum ZT: _____ + _____ = _____

Ergänzen zum HT: _____ + _____ = _____

Ergänzen zur M: _____ + _____ = _____

Ergänzen zur ZM: _____ + _____ = _____

Ergänzen zur HM: _____ + _____ = _____

Ergänzen zur Mrd: _____ + _____ = _____

_____ + _____ = _____

5. Mit großen Zahlen umgehen

a) Suche den direkten Vorgänger zu folgenden Zahlen. Schreibe wie im Beispiel.

Beispiel: 200 000 000 > 199 999 999

150 000 000 > _____   380 000 000 > _____

490 000 000 > _____   670 000 000 > _____

120 400 000 > _____   590 540 000 > _____

900 234 100 > _____   567 340 000 > _____

789 450 000 > _____   647 800 000 > _____

b) Suche den direkten Nachfolger der Zahlen. Schreibe wie im Beispiel.

Beispiel: 345 879 999 < 345 880 000

333 689 999 < _____   934 599 999 < _____

679 499 999 < _____   134 999 999 < _____

789 959 999 < _____   578 989 999 < _____

879 969 999 < _____   299 999 999 < _____

999 999 999 < _____   89 998 999 < _____

c) Ordne die folgenden Zahlen nach der Größe. Schreibe wie im Beispiel.

Beispiel: 235 980 768 < 458 987 300 < 654 871 765

457 321 986 – 876 312 098 – 109 874 521

_____

850 760 123 – 234 174 104 – 1 345 273 098

_____

456 984 632 – 67 598 011 – 21 536 879 423

_____

984 632 123 – 985 534 876 – 345 678 900

_____

2 454 879 647 – 869 234 321 – 565 764 761 987

_____

d) Wie heißen diese Zahlen. Schreibe sie auf.

Beispiel: Es ist eine achtstellige Zahl.
Sie beginnt mit der 7 und endet mit der 5.
Auf der T-Stelle steht die 4.
Sonst kommt nur die Ziffer 1 vor.

71 114 115

Es ist eine neunstellige Zahl. Am Anfang und
am Ende steht die 2. Die ZM-Stelle ist eine 5.
Sonst kommt nur die 0 vor.

_____

Es ist eine zehnstellige Zahl. Die H-Stelle
ist die 9, die Mrd-Stelle ist die 7, die
ZT-Stelle ist die 3, am Ende steht eine 8.
Die restlichen Ziffern sind Zweier.

_____

Es ist eine siebenstellige Zahl. Die M-Stelle ist
die 4, auf der ZT-Stelle, der H-Stelle und der
Z-Stelle steht die 2. Sonst kommt nur die 0 vor.

_____

*e) Findest du die Regel? In der Zahlenfolge ist eine Regel verborgen. Finde sie, schreibe sie auf
und setze die Zahlenfolge um zwei weitere Zahlen fort.*

Beispiel: 54 000, 27 000, 13 500, ...

6 750, 3 375,   **Regel:** geteilt durch 2:

3 500, 3 700, 3 900, _____

                                                 Regel: _____

6 500, 6 900, 6 700, 7 100, 6 900, _____

                                                 Regel: _____

4 500, 9 000, 10 000, 20 000, 21 000, _____

                                                 Regel: _____

12 500 000, 13 000 000, 6 500 000, 7 000 000, _____

                                                 Regel: _____

50 000, 5 000 000, 5 000, 500 000, 500, _____

                                                 Regel: _____

6. Rechnen mit großen Zahlen

a) Ergänze im Kopf zu einer Milliarde. Schreibe das Ergebnis auf:

670 000 000 + _____ = 1 000 000 000

960 000 000 + _____ = 1 000 000 000

340 000 000 + _____ = 1 000 000 000

540 000 000 + _____ = 1 000 000 000

b) *Ergänze zu einer Billion.*

880 000 000 000 + _____ = 1 000 000 000 000

550 000 000 000 + _____ = 1 000 000 000 000

320 000 000 000 + _____ = 1 000 000 000 000

140 000 000 000 + _____ = 1 000 000 000 000

730 000 000 000 + _____ = 1 000 000 000 000

c) *Ziehe von einer Milliarde ab.*

1 000 000 000 – 440 000 000 = _____

1 000 000 000 – 980 000 000 = _____

1 000 000 000 –- 630 000 000 = _____

1 000 000 000 – 190 000 000 = _____

d) *Ziehe von einer Billion ab.*

1 000 000 000 000 - 660 000 000 000 = _____

1 000 000 000 000 - 740 000 000 000 = _____

1 000 000 000 000 - 190 000 000 000 = _____

1 000 000 000 000 - 370 000 000 000 = _____

1 000 000 000 000 - 860 000 000 000 = _____

7. *Wie heißt der Platzhalter? Setze ein.*

```
    459 . 98 345  €          876 098 65  . €
  + 342 987 65  . €        – 456 7 . 5 987  €
 ───────────────           ───────────────
   80. 085 997   €          41 . 332 667   €
```

```
   13 . 9 .7 . 54 €           9 . 7 760 00 . €
 + 7 . 9 . 53 09 . €        – 812 . 75 332  €
 ───────────────           ───────────────
  . 08 64. 745   €          17 . 784 . 77  €
```

```
  1 453 . 98 23 . €          5 . 90 356 12 . €
 + 34 . 98 . 657  €        – 908 5 . 7 890 €
 ───────────────           ───────────────
  1 . 96 0 .5 891 €          . 88 . 78 . . 33  €
```

Mit Zahlen und Größen umgehen

1. Zahlen ordnen

a) Bringe folgende Zahlen in eine Reihenfolge. Schreibe wie im Beispiel.

Beispiel: 7 645 – 876 – 12 456 – 9 098 – 876
                  12 456 > 9 098 > 7 645 > 876 = 876 oder
                  876 = 876 < 7 645 < 9 098 < 12 456
                  (bei den Lösungen ist aber immer nur eine Möglichkeit vorgegeben)

76 897 – 34 990 – 2 345 – 875 – 9 653 – 13 574

_____

198 978 – 43 – 123 475 – 653 – 2 409 – 2 410 – 653

_____

34 657 – 124 – 2 560 – 9 889 – 9 890 – 12 560 – 56

_____

176 876 – 98 765 – 4 567–- 36 876 – 145 000 – 546 – 67

_____

434 – 5 678 – 234 876 – 32 980 – 453 – 237 987 098 – 213

_____

7 645 – 43 744 – 198 700 – 56 870 – 32 – 43 744 – 557 987

_____

67 650 – 345 – 987 098 – 23 130 – 4 678 – 321 – 67 650 – 3 478

_____

b) Welche Zahl liegt dazwischen? Trage sie ein.

Beispiel: 654 789 < 654 790 < 654 791

653 876 < _____ < 653 878	756 890 < _____ < 756 892
134 987 < _____ < 134 989	987 098 < _____ < 987 100
854 871 < _____ < 854 873	75 987 < _____ < 75 989
125 871 > _____ > 125 869	652 911 > _____ > 652 909
737 777 > _____ > 737 775	54 765 > _____ > 54 763
212 654 > _____ > 212 652	387 651 > _____ > 387 649
343 234 > _____ > 343 232	987 998 > _____ > 987 996

c) *Finde alle Zahlen, die in den angegebenen Zahlenraum passen und trage sie ein.*

Beispiel: 654 876 < 654 877 < 654 878 < 654 879 … ·< 654 880

123 456 <		< 123 260
532 790 <		< 532 794
689 124 <		< 689 128
334 456 <		< 334 460
476 933 <		< 476 937
721 127 >		> 721 123
246 800 >		> 246 796
818 818 >		> 818 814
321 008 >		> 321 004
279 126 >		> 279 122

d) *Setze die richtigen Zeichen ein: „<" oder „>" oder „=".*

345 987 ___ 345 988	765 980 ___ 765 980	123 567 ___ 123 566
765 097 ___ 755 097	346 864 ___ 346 888	32 987 ___ 32 987
997 450 ___ 997 459	807 909 ___ 807 809	435 876 ___ 435 876
674 098 ___ 674 099	435 987 ___ 54 765	234 987 ___ 234 989
907 321 ___ 907 321	865 543 ___ 129 854	98 765 ___ 100 000

2. Zahlen runden

Weißt du es noch? Entscheidend ist die letzte Ziffer.
Bei 0, 1, 2, 3, 4 wird abgerundet, bei 5, 6, 7, 8, 9 wird aufgerundet. Das üben wir nun.

a) Runde die folgenden Zahlen auf Zehner. Verwende dabei das Zeichen ≈.
Entscheidend für das Runden ist die Einerstelle:

Beispiel: 146 ≈ 150

254 ≈ _____   769 ≈ _____   165 ≈ _____   588 ≈

_____

3 365 ≈ _____   75 423 ≈ _____   43 872 ≈ _____

1 931 ≈ _____   6 976 ≈ _____   32 867 ≈ _____

b) Runde nun auf Hunderter. Jetzt entscheidet die Zehnerstelle.

Beispiel: 4 760 ≈ 4 800

6 888 ≈ _____   8 385 ≈ _____   15 846 ≈ _____

189 764 ≈ _____   4 872 ≈ _____   289 641 ≈ _____

4 760 ≈ _____   65 767 ≈ _____   89 003 ≈ _____

c) Runde nun auf Tausender. Entscheidend ist jetzt die Hunderterstelle.

Beispiel: 12 135 ≈ 12 000

17 546 ≈ _____   390 761 ≈ _____   4 653 489 ≈ _____

87 987 ≈ _____   9 234 542 ≈ _____   98 999 ≈ _____

876 870 ≈ _____   12 498 654 ≈ _____   98 765 ≈ _____

3. Wir überschlagen

Um schnell zu überprüfen, ob man richtig gerechnet hat, ist es sinnvoll, vorher zu überschlagen.
Zum Überschlagen nimmt man am besten ganze Zahlen, die man vorher sinnvoll gerundet hat.

a) Überschlage vor dem Rechnen, dann rechne und vergleiche das Ergebnis mit dem
Überschlag (= Ü).

Beispiel: 24 · 48   Ü: 20 · 50 = 1000
           960
         + 192
          1152

46 · 31   Ü: _____   81 · 47   Ü: _____

_____   _____

_____   _____

_____   _____

97 · 53:   Ü:_____   105 · 94   Ü:_____

_____   _____

_____   _____

_____   _____

22 · 68   Ü: _____   487 · 659   Ü:_____

_____   _____

_____   _____

_____   _____

96 · 91   Ü: _____   1 645 · 31   Ü:_____

_____   _____

_____   _____

_____   _____

35 · 79   Ü: _____   3 576 · 95   Ü:_____

_____   _____

_____   _____

_____   _____

b) Das wollen wir nun auch mit dem Teilen üben. Überschlage, dann erst rechne aus.

Beispiel: 3489 : 47 = 74 R 11   Ü = 3 500 : 50 = 70
          <u>329</u>
          199
          <u>188</u>
           11

4567 : 51 = _____   Ü : _____

____

____

____

____

6879 : 84 = _____   Ü : _____

_____

_____

_____

_____

3598 : 72 = _____   Ü : _____

_____

_____

_____

_____

1530 : 67 = _____   Ü : _____

_____

_____

_____

_____

10235 : 89 = _____   Ü : _____

_____

_____

_____

_____

_____

_____

3429 : 43 = _____   Ü : _____

____

_____

____

____

4. Wir rechnen mit verschiedenen Größen

Aus dem Mathematikunterricht kennst du bereits verschiedene Größen. Am Ende des Buches werden sie noch einmal zusammengestellt.

a) Schreibe die Größen auf, die du noch kennst.

Längenmaße: cm, _____

Zeitmaße: Monate, _____

Gewichte: kg, _____

Hohlmaße: l, _____

Geldwerte: €, _____

Zum Umrechnen erhältst du nun ein paar wichtige Tipps.

Wenn du Größen umrechnest, musst du immer an die Umrechnungszahl denken.

Im Anhang findest du eine Aufstellung der wichtigsten Größen. Dort steht auch die jeweilige

Umrechnungszahl.

Und so rechnest du Längenmaße (Umrechnungszahl 10) um:

1 m = 10 dm = 100 cm = 1 000 mm

oder umgekehrt:

1 000 mm = 100 cm = 10 dm = 1 m

1 km = 1 000 m und 1 000 m = 1 km

Merke dir außerdem:

Wird die Benennung größer, dann wird die Zahl kleiner.

Das bedeutet: durch die Umrechnungszahl **teilen.**

Wird die Benennung kleiner, dann wird die Zahl größer.

Das bedeutet: mit der Umrechnungszahl **malnehmen.**

---

b) Rechne die angegebenen Maße in die nächstkleinere Einheit um. Schreibe wie im Beispiel.
   Sprich laut dazu.

Beispiel: 25 cm = 250 mm

47 m	= _____	13 cm	= _____	100 dm	= _____
8 km	= _____	2 Std.	= _____	12 Min.	= _____
2 Jahre	= _____	3 Wochen	= _____	5 hl	= _____
4 t	= _____	200 kg	= _____	55 €	= _____
100 m	= _____	30 km	= _____	234 €	= _____
30 t	= _____	24 Std.	= _____	41 Tage	= _____

28

c) *Nun wird es schwieriger. Versuche, in möglichst viele kleinere Einheiten zu verwandeln. Sprich auch hier wieder laut dazu.*

Beispiel: 4 m = 40 dm = 400 cm = 4 000 mm

20 m   = _____

4 km   = _____

5 dm   = _____

3 kg   = _____

10 t   = _____

1 Std.   = _____

1 Tag   = _____

120 €   = _____

30 hl   = _____

3 Wochen = _____

15 km   = _____

d) *Jetzt geht es wieder umgekehrt. Verwandle in die nächst größere Einheit, sprich dazu.*

Beispiel: 300 cm = 30 dm

70 dm   = _____   2 000 m   = _____   40 cm   = _____

170 mm   = _____   48 Std.   = _____   240 Min.   = _____

8 Wochen = _____   36 Monate = _____   7 200 Sek. = _____

4 000 g = _____   9 000 kg   = _____   200 Cent   = _____

e) *Verwandle in die nächst größeren Einheiten. Sprich laut dazu.*

7 000 000 mm = _____

150 000 cm   = _____

120 000 dm   = _____

34 000 000 g = _____

172 800 Sek. = _____

4 320 Min.   = _____

10 080 Min. = _____

139 000 Cent = _____

40 000 l   = _____

5. Vermischte Aufgaben

Bei folgenden Aufgaben musst du unbedingt daran denken, dass nur mit gleichen Benennungen gerechnet werden kann. Du musst dich deshalb bei jeder Aufgabe vorher für eine Benennung entscheiden. Es gibt also mehrere Möglichkeiten.

Beispiel: 23 cm + 4 m   + 14 dm = _____

23 cm + 400 cm + 140 cm = 563 cm

Rechne nun selbst.

38 dm + 7 m + 120 cm = _____ = _____

14 km + 400 m + 3 km = _____ = _____

29 hl + 7 l + 359 l = _____ = _____

1 kg + 400 g + 2 Pfd. = _____ = _____

4,50 € + 3,40 € + 400 Cent = _____ = _____

4 Std. + 20 Min. + 17 Min. = _____ = _____

2 Tage + 21 Std. + 1 Woche = _____ = _____

87 dm + 8 cm + 400 mmm = _____ = _____

9 km + 4 000 m + 55 000 dm = _____ = _____

12 km – 4 500 m = _____ = _____

7 t + 12 kg + 600 g = _____ = _____

500 hl – 745 l = _____ = _____

145,70 € – 4 700 Cent = _____ = _____

520 Min. – 3 Std. = _____ = _____

3 Tage – 31 Std. = _____ = _____

4 Std. – 10 000 Sek. = _____ = _____

42 m – 350 mm = _____ = _____

3 t – 250 000 g = _____ = _____

12 m – 14 dm - 310 cm = _____ = _____

34 Tage – 15 Std. + 2 Wochen = _____ = _____

19 hl + 740 l – 3 hl = _____ = _____

4 km + 130 m + 159 dm = _____ = _____

487 t – 1 500 kg + 354 g = _____ = _____

32 Min. – 12 Sek. + 134 Sek. = _____ = _____

Addition und Subtraktion

Sicherlich kennst du schon die Begriffe „addieren" und „subtrahieren". Wir schreiben sie dir hier noch einmal im Zusammenhang auf.

Addition - addieren – zusammenzählen
Summand plus Summand = Summe
45 + 31 = 56

Subtraktion - subtrahieren – abziehen
Minuend minus Subtrahend = Differenz
45 – 28 = 17

---

1. Im Kopf addieren

Rechne die folgenden Aufgaben unbedingt im Kopf und schreibe nur das Ergebnis auf.

a) Versuche, bei diesen Aufgaben gleich vorteilhaft zu rechnen.
  Rechne so, dass sich möglichst ganze Zehner ergeben.

Beispiel: 24 + 48 + 36 = 24 + 36 = 60 + 48 = 108

141 + 23 + 39 = _____   65 + 104 + 15 = _____

52 + 91 + 108 = _____   83 + 92 + 27 = _____

112 + 47 + 13 = _____   210 + 67 + 53 = _____

32 + 64 + 88 = _____   41 + 56 + 194 = _____

22 + 49 + 41 = _____   73 + 109 + 77 = _____

b) Das Ergebnis der folgenden Aufgaben soll immer 200 sein. Ergänze.

Beispiel: 35 + 23 + 45 + ☐ = 200   Lösung: 97 (trage ein)

Kontrolliere, ob die Summe der 8 Ergebnisse 333 ergibt.

12 + 81 + 18 + ☐ = 200   105 + 25 + 41 + ☐ = 200

33 + 59 + 47 + ☐ = 200   119 + 25 + 31 + ☐ = 200

25 + 53 + 45 + ☐ = 200   107 + 13 + 59 + ☐ = 200

43 + 55 + 87 + ☐ = 200   125 + 44 + 15 + ☐ = 200

2. Im Kopf subtrahieren

Rechne die folgenden Aufgaben unbedingt im Kopf und schreibe nur das Ergebnis auf.

a) Versuche auch bei diesen Aufgaben gleich vorteilhaft zu rechnen. Rechne so, dass sich möglichst ganze Zehner ergeben.

Beispiel: 125 – 47 – 35 = 125 – 35 – 47 = 43

149 – 31 – 29 = _____   211 – 33 – 41 = _____

173 – 56 – 43 = _____   162 – 42 – 83 = _____

417 – 83 – 27 = _____   109 – 25 – 49 = _____

197 – 71 – 37 = _____   76 – 31 – 16 = _____

278 – 91 – 68 = _____   386 – 135 – 6 = _____

b) Das Ergebnis der folgenden Aufgaben soll immer 50 sein. Ergänze.

Beispiel: 147 – 31 – 27 – ☐ = 50   147 – 31 – 27 – **39** = 50

Rechne und kontrolliere dann, ob die Summe der 10 Platzhalter 377 ergibt.

157 – 75 – 17 – _____   = 50   206 – 31 – 96 – _____ = 50

198 – 81 – 58 – _____   = 50   165 – 45 – 37 – _____ = 50

151 – 32 – 11 – _____   = 50   222 – 96 – 72 – _____ = 50

213 – 45 – 87 – _____   = 50   288 – 93 – 48 – _____ = 50

240 – 43 – 62 – _____   = 50   125 – 44 – 15 – _____ = 50

3. Vermischte Aufgaben

Sicherlich hast du schon gemerkt, dass Addition und Subtraktion eigentlich Umkehraufgaben sind.

426 + 54 = 510   oder   510 – 426 = 54   oder   510 – 54 = 426

624 – 81 = 543   oder   543 + 81 = 624   oder   81 + 543 = 624

a) Finde bei den folgenden Aufgaben den Platzhalter. Ergänze, aber rechne unbedingt nur im Kopf.

Beispiel: 435 + ☐ = 547   435 + _____ = 547   Lösung: 112 (trage ein)

765 + _____ = 1 859   976 + _____ = 1 098   271 + _____ = 467

609 + _____ = 1 212   467 + _____ = 823   187 + _____ = 207

754 + _____ = 945   2 988 + _____ = 3 099   544 + _____ = 710

871 − _____ = 654   1 298 − _____ = 900   1 074 − _____ = 871

487 − _____ = 281   953 − _____ = 696   631 − _____ = 349

751 − _____ = 409   1 809 − _____ = 1 580   844 − _____ = 156

_____ + 145 = 684   _____ + 621 = 1 982   _____ + 789 = 994

_____ + 267 = 1 761   _____ + 369 = 980   _____ + 312 = 879

_____ + 676 = 2 654   _____ + 65 = 5 987   _____ + 428 = 631

_____ − 218 = 1 980   _____ − 310 = 721   _____ − 56 = 865

_____ − 112 = 872   _____ − 954 = 1 009   _____ − 389 = 920

_____ − 756 = 2 500   _____ − 891 = 255   _____ − 999 = 57

b) *Zum Abschluss dieses Kapitels sollst du nun eine Rechenmauer bauen. Addiere im Kopf die zwei nebeneinanderliegenden Zahlen und schreibe das Ergebnis darüber.*

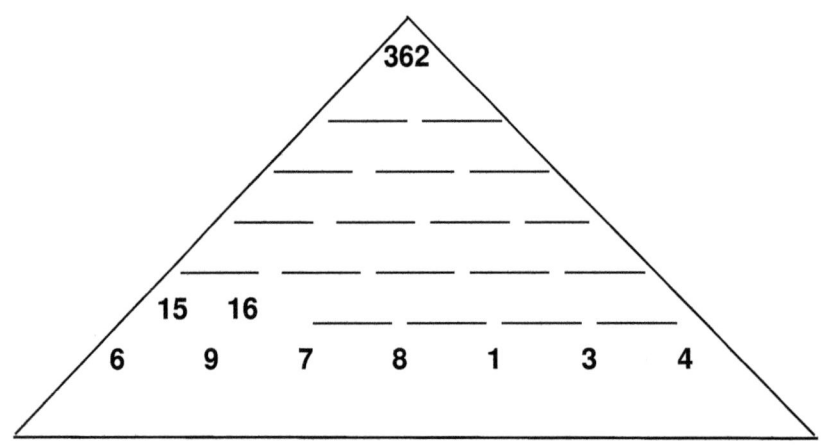

362

15   16

6   9   7   8   1   3   4

4. Schriftlich addieren

Aus dem Mathematikunterricht weißt du sicherlich noch, dass du waagrecht und senkrecht addieren kannst. Das wollen wir nun an einfachen Beispielen wiederholen.

a)	654	765	987	414
	+ 381	+ 631	+ 903	+ 711
	———	———	———	———

	490	145	751	387
	+ 277	+ 997	+ 532	+ 654
	———	———	———	———

	743	145	913	655
	+ 267	+ 921	+ 732	+ 798
	———	———	———	———

	986	412	943	108
	542	981	321	658
	+ 762	+ 925	+ 234	+ 908
	———	———	———	———

	521	817	235	454
	467	325	840	365
	+ 543	+ 871	+ 453	+ 872
	———	———	———	———

b) Beim waagrechten Addieren kannst du dir helfen, indem du über oder unter die einzelnen Zahlen, die du bereits addiert hast, einen Punkt oder Strich machst.

Beispiel: 451 + 654 + 834 = 1 939

345 + 981 + 105 = _____

832 + 435 + 598 = _____

762 + 412 + 981 = _____

764 + 129 + 378 = _____

476 + 231 + 764 = _____

621 + 764 + 212 = _____

284 + 287 + 245 = _____

456 + 532 + 345 = _____

791 + 982 + 873 = _____

625 + 802 + 367 = _____

278 + 412 + 197 = _____

809 + 465 + 651 = _____

123 + 456 + 789 = _____

987 + 654 + 321 = _____

980 + 604 + 189 = _____

784 + 256 + 890 = _____

908 + 301 + 876 = _____

243 + 987 + 309 = _____

c) Kannst du auch senkrecht und waagrecht addieren? Probiere es doch.

Das Gesamtergebnis der waagrechten und der senkrechten Addition muss die gleiche Zahl ergeben, dann hast du richtig gerechnet.

```
  734  +  954  +  331  +  913  =  _____
  543  +  643  +  213  +  432  =  _____
  321  +  577  +  490  +  355  =  _____
+ 765  +  866  +  198  +  290  = + _____

____  + ____ + ____ + _____  =  _____
```

d) In den folgenden Rechnungen fehlen Zahlen. Setze die richtigen Zahlen ein.

```
  7 564          8 76 .          . 376          6 5 . 7
  . 641          5 . 3           . 72           5 12 .
+ 7 4 . .       + 3 . 76        + 2 9 . 7       + . 098
  . 3 . 17       1 . 204         . 335          12 . 13
```

e) Berechne auch die hier die fehlenden Zahlen.

```
1 . 654 + 3 . 78 + 7 56 . + 23 6 . 8 +  6 876 = . 4 248
  65 .  + 2 . 76 + 76 9 . 8 +   543 + . 8 653 = 99 634
6 56 .  +   765 + 57 6 . 4 + 5 . 31 +  . 765 = . 0 179
1 . 56 . +  . 76 + 1 2 . 5 +  8 765 +   987 = . 4 427
7 65 .  + 34 0 . 8 +  . 47 +  . 847 + 5 375 = 57 121
8 74 .  + 45 . 2 +   . 08 + 6 534 +  . 734 = . . 253
```

f) Addiere in der Rechenmauer die zwei nebeneinander liegenden Zahlen und schreibe das Ergebnis darüber.

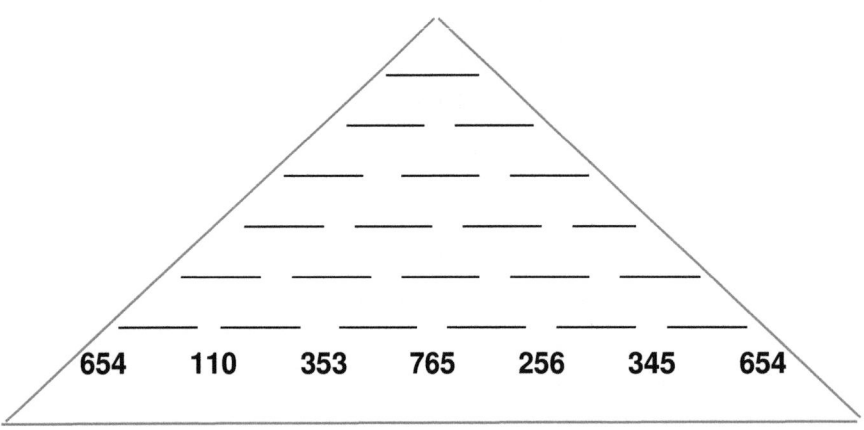

5. Schriftlich subtrahieren

Denke beim Subtrahieren stets daran, dass du immer nur die kleinere Zahl von der größeren Zahl abziehen kannst.

a) *Schreibe die folgenden Zahlenpaare so untereinander, dass du sie subtrahieren kannst. Rechne anschließend die Aufgabe aus.*

Beispiel: 8 765   73 543   73 534
$$\begin{array}{r} 73\,534 \\ -\ 8\,765 \\ \hline \mathbf{64\,768} \end{array}$$

87 542   109 432   7 654   9 654   98 854   65 765   994   7 642

_____   _____   _____   _____

– _____   – _____   – _____   – _____

_____   _____   _____   _____

b) *Du kannst sicherlich auch noch waagrecht subtrahieren. Rechne.*

29 765 – 7 654 = _____   45 876 – 8 654 = _____

65 372 – 29 765 = _____   76 876 – 42 876 = _____

10 654 – 6 709 = _____   34 098 – 12 876 = _____

98 090 – 67 876 = _____   37 986 – 33 986 = _____

c) *Subtrahiere nun die beiden Ergebnisse einer Zeile (aus Aufgabe 5b). Achte aber darauf, dass du sie immer richtig voneinander abziehst. Als Hilfe siehst du die neuen Ergebnisse.*

_____ – _____ = 15 111

_____ – _____ = 1 607

_____ – _____ = 17 277

_____ – _____ = 26 214

d) *Weißt du noch, wie du mehrere Zahlen von einer Zahl abziehst? Wir zeigen dir hier eine Möglichkeit, wie du es in einem Rechenvorgang machen kannst. Rechne anschließend wie im Beispiel und sprich laut dazu.*

Beispiel: 17 453   Du addierst die beiden Zahlen, die du abziehen sollst,
    – 6 587   und subtrahierst sie von der ersten Zahl. Dazu sprichst
    – 4 987   du so: 7 + 7 = 14
    5 879   14 + 9 = 23, 9 an, 2 gemerkt
                  2 + 8 = 10 + 8   = 18
                18 + 7 = 25, 7 an, 2 gemerkt
                  2 + 9 = 11 + 5   = 16
                16 + 8 = 24, 8 an, 2 gemerkt
                  2 + 4 = 6 + 6   = 12
                12 + 5 = 17, 5 an

18 765	65 987	765 987	21 631	98 453
− 6 543	− 21 654	− 109 768	− 18 649	− 76 432
− 4 760	− 3 276	− 87 654	− 2 376	− 3 432
_____	_____	_____	_____	_____

24 405	98 765	543 890	65 321	88 876
− 4 609	− 76 521	− 409 607	− 23 543	− 81 765
− 9 765	− 11 543	− 100 876	− 10 543	− 2 870
_____	_____	_____	_____	_____

34 675	21 234	432 098	65 765	76 231
− 9 765	− 19 876	− 209 766	− 43 101	− 54 432
− 9 987	− 653	− 98 999	− 3 543	− 10 980
_____	_____	_____	_____	_____

e) *Subtrahiere jede Zahl des hinteren Kästchens von jeder aus dem vorderen Kästchen.*

11 365	24 912	87 543	109 654	19 987	−	10 765	9 765	5 432

f) *Subtrahiere nun drei Zahlen. Rechne laut.*

850 123	934 765	956 431	876 123
− 23 187	− 187 765	− 234 431	− 26 547
− 212 765	− 36 574	− 6 576	− 587 662
− 43 212	− 653 521	− 74 698	− 23 123
———	———	———	———

765 876	909 321	654 243	135 654
− 146 098	− 324 567	− 523 421	− 98 765
− 234 567	− 142 764	− 76 543	− 7 654
− 345 621	− 87 654	− 8 765	− 12 760
———	———	———	———

g) *Kannst du auch vier Zahlen subtrahieren? Probiere es aus.*

1 543 321	2 765 234	387 876 321	1 987 543
− 450 912	− 365 471	− 198 674 628	− 401 309
− 234 709	− 458 010	− 24 076 500	− 543 756
− 587 655	− 218 722	− 67 564 537	− 376 542
− 164 352	− 982 212	− 95 642 113	− 664 536
———	———	———	———

h) *Subtrahiere die beiden Zahlen, die nebeneinander stehen und trage in der Rechenmauer das Ergebnis darüber ein.*

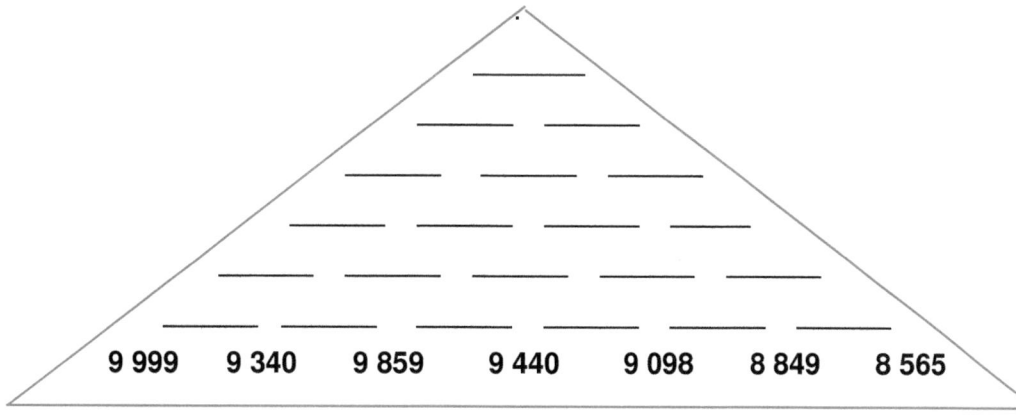

9 999   9 340   9 859   9 440   9 098   8 849   8 565

i) *Hier hat der Fehlerteufel gewütet. Streiche die falsche Zahl durch und rechne die Aufgabe richtig darunter.*

765 765	1 234 456	145 987 654	12 654 321
− 543 123	− 1 008 734	− 67 809 873	− 11 345 890
221 542	124 723	179 172 781	309 431
———	———	———	———
———	———	———	———
———	———	———	———

6. Vermischte Aufgaben zur Addition und Subtraktion

a) *Überprüfe in den folgenden Aufgaben, ob die Ergebnisse gleich, größer oder kleiner sind. Rechne und schreibe wie im Beispiel.*

Beispiel:

345 765		1 238 763		1 806 308
+ 6 544		− 309 345		− 876 890
352 309	<	929 418	=	929 418

1 456 432		4 765 321		946 310
+ 3 876 234		− 985 654		+ 6 498

——————— ☐ ——————— ☐ ———————

3 760 765		6 870 612		12 876 098
+ 7 876 098		+ 4 788 251		− 1 217 235

——————— ☐ ——————— ☐ ———————

5 765 213		7 087 215		314 129
− 5 640 213		− 6 962 215		− 189 129

——————— ☐ ——————— ☐ ———————

921 944		1 582 560		1 603 112
+ 1 453 911		+ 793 295		+ 569 532

——————— ☐ ——————— ☐ ———————

b) *Die folgenden Aufgaben löst du schneller, wenn du zusammenfasst.*

Beispiel: 34 567 + 76 387 − 54 238 + 12 980 − 287 932 + 300 879 = **82 643**

Addiere zunächst
die Zahlen, die
zusammengezählt werden:

```
    34 567
+   76 387
+   12 980
+  300 879
   424 813
```

Addiere dann die Zahlen,
abgezogen werden.

```
    54 238
+  287 932
   342 170
```

Subtrahiere nun beide Zahlen voneinander:

```
   424 813
−  342 170
    82 643
```

234 876 − 53 870 + 13 456 − 87 234 − 46 432 + 17 456 = _____

——————— ——————— ———————

+ _____ + _____ − _____

+ _____ + _____ _____

——————— ———————

765 321 – 65 653 + 109 643 – 23 687 – 456 210 + 26 087= _____

_____   _____   _____

+ _____   + _____   – _____

+ _____   + _____   _____

_____   _____

987 109 + 76 398 + 87 643 – 87 509 – 217 088 – 65 390 = _____

_____   _____   _____

+ _____   + _____   – _____

+ _____   + _____   _____

_____   _____

69 653 + 34 098 – 38 701 – 87 500 + 31 089 –7 045   = _____

_____   _____   _____

+ _____   + _____   – _____

+ _____   + _____   _____

_____   _____

1 340 766 – 265 749 + 65 966 + 4 586 – 397 869 – 8 698 = _____

_____   _____   _____

+ _____   + _____   – _____

+ _____   + _____   _____

_____   _____

c) Schreibe zu den folgenden Aufgaben erst eine Rechenaufgabe, dann rechne aus.
   Schreibe wie im Beispiel.

Beispiel: Addiere die Zahlen 456, 981 und 797.

456 + 981 + 797 = **2 234**

Berechne die Summe der Zahlen 1 234, 4 890 und 5 543.

_____ = _____

Subtrahiere 24 598, 12 567 und 6 567 von 100 000.

_____ = _____

Berechne die Differenz aus den Zahlen 76 987 und 81 450.

_____ = _____

d) Schreibe auch zu folgenden Texten erst eine Aufgabe.

Klaus hat 10 € Taschengeld. Er gibt für Kaugummi 1,45 €, für Aufkleber 3,70 € und für Limo 1,08 € aus. Wie viel Geld bleibt übrig?

_____ = _____

Petra fährt am 1. Tag 27 km, am zweiten 23 km und am dritten Tag 12 km.

_____ = _____

Susanne hat 456,89 € auf ihrem Sparbuch. Sie hebt 345,40 € ab und zahlt am nächsten Tag wieder 83,50 € ein.

_____ = _____

Monika kauft sich von ihrem ersten Lohn eine Bluse. Diese kostet 47,50 €. 500 € zahlt sie auf ihr Sparbuch ein. Sie hat dann noch 206,70 € übrig.

_____ = _____

Aus einem 600 Liter Weinfass werden 59 l, 48 l und 130 l Wein abgefüllt.

_____ = _____

Stefan erhält 25 € Taschengeld. Davon spart er 12 €. 5,60 € kostet ein Comic-Heft und 3,50 € hat er Schulden bei seinem Bruder. Was bleibt ihm?

_____ = _____

Ein Ballen Stoff ist 50 m lang. Es werden folgende Längen abgeschnitten: 2,50 m, 3,80 m, 12,50 m und 9,10 m.

_____ = _____

Ein Fass hat einen Inhalt von 150 l. Folgende Mengen werden hineingeschüttet: 45 l; 66 l und 23 l. Wie viel Liter passen noch hinein?

_____ = _____

e) Zum Abschluss lernst du noch eine Geheimschrift kennen. Löse die Aufgaben und
*   entschlüssele anschließend nach folgender Tabelle.*

790 449 – 790 292   = _____

2 587 – 251 – 397 – 353 = _____

587 369 + 6 122 910   = _____

789 + 4 148   = _____

23 587 – 21 107   = _____

56 789 + 72 605   = _____

1	2	3	4	5	6	7	8	9	0
W	A	X	O	E	L	R	M	N	W
V	S	Z	R	I	L	P	E	Q	U
C	N	E	T	A	R	E	N	T	H
S	F	R	W	E	R	D	W	I	V
T	B	E	A	I	I	M	L	N	D
S	I	G	R	R	Z	U	I	E	T

Lösung: _____

7. Sachaufgaben

Im Mathematikunterricht hast du gelernt, dass es einfacher ist, Sachaufgaben nach einem bestimmten Schema zu lösen. Dafür gibt es viele Möglichkeiten.

Wir empfehlen dir das 4-Stufen-Schema:
Wir wissen – Wir fragen – Wir rechnen – Wir antworten.
Nach diesem Schema kannst du sogar bis zur Abschlussprüfung rechnen.

Dieses Schema ist eigentlich ganz einfach. Bei der ersten Aufgabe stellen wir es dir vor.
Bei vielen Aufgaben erhältst du zusätzliche Tipps und Hilfen, die dir die Lösung erleichtern und das Rechnen vereinfachen.

Hier sind gleich die ersten Tipps, die für alle Sachaufgaben wichtig sind:

Tipp: Überschlage zuerst bei jeder Aufgabe deine Rechnung.
   Kontrolliere dann nach, ob Überschlag und tatsächliches Ergebnis in etwa übereinstimmen.
Tipp: Beim Addieren und Subtrahieren kannst du waagrecht oder senkrecht rechnen. Entscheide
   dich aber nicht immer nur für eine Möglichkeit. Wechsle ab, so übst du beide Rechenwege.
Tipp: Bei vielen Aufgaben gibt es verschiedene Lösungswege.
   Wir zeigen dir immer einen auf. Probiere aber auch andere Möglichkeiten.
Tipp: Achte immer auf die Benennung. Du kannst nur mit gleichen Benennungen rechnen.
   Wandle deshalb vorher um.

*a) Klaus hat für ein Zeltlager in den Sommerferien 375 € gespart. So rechnet er: Fahrt: 48 €,
   Unterkunft·95 €, Verpflegung: 110 €, Getränke und Süßigkeiten: 60 €. Wie viel Geld hat er
   noch zur Verfügung?*

Wir wissen: Insgesamt hat er 375 €; Fahrt: 48 €; Unterkunft: 95 €;
   Verpflegung: 110 €; Getränke: 60 €

Wir fragen: Wie viel Geld hat er noch zur Verfügung?

Wir rechnen: 48 € + 95 € + 110 € + 60 € = 313 €
   375 € – 313 € = 62 €

   oder:
   ```
      48 €          375 €
   +  95 €        – 313 €
   + 110 €           62 €
   +  60 €
     313 €
   ```

Wir antworten: Klaus hat noch 62 € zur Verfügung.

*b) Ein LKW darf 4 t zuladen. Folgende Waren sind schon auf dem Wagen: 350 kg, 210 kg,
   180 kg,1 t, 670 kg. Wie viel darf noch zugeladen werden?*

Wir wissen: _____

   _____

Wir fragen: _____

Wir rechnen: Wir wandeln in kg um: 4 t = _____ kg;   1 t = _____ kg

Wir addieren: Wir subtrahieren:

Wir antworten: _____

c) Frieder freut sich über seinen ersten Lohn: 975,49 €. Davon zieht ihm aber der Arbeitgeber folgende Beträge ab: 56,10 € Steuern, 39,80 € Krankenversicherung, 16,25 € Arbeitslosenversicherung und für die Rentenversicherung 51 €. Wie viel Geld erhält er ausgezahlt?

Wir wissen: _____

_____

Wir fragen: _____

Wir rechnen: Wir addieren: Wir subtrahieren:

Wir antworten: _____

d) Herr Schnell kauft sich ein neues Auto, das 37 500 € kostet. Für seinen alten Wagen gibt ihm der Händler noch 9 500 €. Herr Schnell hat auf seinem Sparbuch 26 000 € gespart. Reicht das Geld?

Wir wissen: _____

_____

Wir fragen: _____

Wir rechnen: Wir addieren: Wir subtrahieren:

Wir antworten: _____

e) Die gesamte Monatsmiete für ein Mehrfamilienhaus beträgt 4 590 €. Für das Erdgeschoss wurden 780 €, für das 1. Stockwerk 1 350 € und für das 2. Stockwerk 1 490 € bezahlt. Wie hoch war die Miete für die Dachwohnung?

Wir wissen: _____

_____

Wir fragen: _____

Wir rechnen: Wir addieren: Wir subtrahieren:

Wir antworten: _____

f) Ein Getreidehändler hat einen Vorrat von 5 t Weizen. Im Laufe eines Tages werden folgende Mengen abgegeben: 650 kg, 1 t, 890 kg, 1 450 kg und 125 kg. Am Abend kommt noch ein Käufer und möchte 700 kg. Hat der Händler noch so viel Getreide?

Wir wissen: _____

_____

Wir fragen: _____

Wir rechnen: Wir wandeln in kg um: 5 t = _____ kg;   1 t = _____ kg

Wir antworten: _____

g) Ein Heizöllieferant hat noch 20 000 Liter Heizöl in seinem Tankwagen. Er liefert folgende Mengen aus: 7 500 l, 6 800 l und 3 900 l. Welche Menge muss er am nächsten Tag zutanken, damit er einem Großkunden 15 000 l liefern kann?

Wir wissen: _____

_____

Wir fragen: _____

Wir rechnen: Wir addieren: Wir subtrahieren:

$$20\ 000\ l$$

$$-\ \underline{\hspace{2cm}}\ l$$

$$\underline{\hspace{2cm}}\ l$$

Wir subtrahieren:

$$15\ 000\ l$$

$$-\ \underline{\hspace{2cm}}\ l$$

$$\underline{\hspace{2cm}}\ l$$

Wir antworten: _____

h) *Peter, Uli und Karl machen zusammen Hausaufgaben. Sie beginnen um 14 Uhr. Peter braucht 1 Std. 15 Min., Uli 1 Std. 30 Min. und Karl 1 Std. 45 Min. Wann ist jeder mit der Hausaufgabe fertig?*

Tipp: Bei dieser Aufgabe musst du daran denken, dass du Stunden und Minuten nicht einfach addieren
    kannst, denn eine Stunde hat 60 Minuten.

Wir wissen: _____
_____

Wir fragen: _____

Wir rechnen: Peter: 14 Uhr + 1 Std. = _____ + 15 Min. = _____

Uli: 14 Uhr + 1 Std. = _____ + 30 Min. = _____

Karl: 14 Uhr + 1 Std. = _____ + 45 Min. = _____

Wir antworten: _____

i) *Susanne fängt um 14 Uhr 30 mit ihren Hausaufgaben an. Für Mathematik rechnet sie 35 Min., für Deutsch 25 Min. und für Englisch 15 Min. Wie viel Zeit hat sie noch für Biologie, wenn sie um 16 Uhr zum Sport gehen will?*

Wir wissen: _____
_____

Wir fragen: _____

Wir rechnen: Wir addieren: _____ Min.

+ _____ Min.

+ _____ Min.

_____ Min. = _____ Std. _____ Min.

14 Uhr 30 + _____ Std. _____ Min. = ____ Uhr _____

16 Uhr – _____ Uhr _____ = _____ **Min.**

Wir antworten: _____

j) Die E-Jugend von Neuendorf hat ein Auswärtsspiel. Sie fahren um 12 Uhr 30 weg. Das Spiel beginnt um 13 Uhr. Jede Halbzeit dauert 25 Minuten, dazwischen ist 15 Minuten Pause. Nach dem Spiel brauchen die Spieler 30 Minuten zum Duschen und Umziehen. Wann sind sie wieder zu Hause, wenn die Heimfahrt 20 Minuten dauert? Wie lange waren sie insgesamt unterwegs?

Wir wissen: _____

_____

_____

Wir fragen: _____

_____

Wir rechnen: Wir addieren die einzelnen Zeiten:

_____ =

_____ Min. = _____ Std. _____ Min.

13 + _____ Std. _____ Min. = _____ Uhr _____

Wir antworten: Sie sind wieder um _____ Uhr _____ zu Hause. Insgesamt waren

sie _____ Std. _____ Min. unterwegs.

k) Bei den Bundesjugendspielen findet am Schluss der 1000m Lauf statt. Karsten läuft 3 Min. 12 Sek., Manuel 3 Min. 21 Sek., Matthias 4 Min. 22 Sek. und Georg 4 Min. 39 Sek. Berechne die Zeitunterschiede zwischen den einzelnen Teilnehmern.

Wir wissen: _____

_____

Wir fragen: _____

Tipp: Rechne am besten die einzelnen Zeiten in Sekunden um!

Wir rechnen: 3 Min. 12 Sek. = _____ Sek. – 3 Min. 21 Sek. = _____ Sek.

4 Min. 22 Sek. = _____ Sek. – 4 Min. 39 Sek. = _____ Sek.

Karsten – Manuel: _____ Sek.

Karsten – Matthias: _____ Sek. = ___ Min. _____ Sek.

Karsten – Georg: _____ Sek. = ___ Min. _____ Sek.

Manuel – Matthias: _____ Sek. = ___ Min. _____ Sek.

Manuel – Georg: _____ Sek. = ___ Min. _____ Sek.

Matthias – Georg: _____ Sek.

Wir antworten: _____

_____

_____

_____

l) *Daniela, Steffi, Petra und Angelika vergleichen ihre Größe. Daniela ist 1,40 m groß, Steffi 15 cm größer als Daniela und Petra ist 4 cm kleiner als Steffi. Angelika ist 8 cm kleiner als die größte ihrer Klassenkameradinnen. Wie groß ist jede Schülerin?*

Wir wissen: _____

_____

Wir fragen: _____

Tipp: Am besten legst du dir eine Tabelle an und rechnest mit Zentimetern.

Wir rechnen: Daniela: _____ cm

Steffi: _____ cm + _____ cm = _____ cm

Petra: _____ cm – _____ cm = _____ cm

Angelika: _____ cm – _____ cm = _____ cm

Wir antworten: _____

_____

m) Ein Linienbus fährt 6 Ortschaften an. Als er in Großdorf losfährt, sind 37 Fahrgäste im Bus.

Peterhausen: 5 steigen ein, 3 steigen aus

Neudorf: 2 steigen ein, 9 steigen aus

Altbach: keiner steigt ein, 16 steigen aus

Heubach: 8 steigen ein, 6 steigen aus

Oberndorf: 9 steigen ein, 7 steigen aus.

Wie viele Fahrgäste steigen in Aschbrunn, der Endstation, aus?

Wir wissen: _____

_____

_____

Wir fragen: _____

Tipp: Auch hier ist am besten, eine Tabelle anzulegen.

Wir rechnen:

in Großdorf sind im Bus: 37 Fahrgäste.

Es steigen ein: es steigen aus:

Peterhausen + ___   + ___

Neudorf   + ___   + ___

Altbach   + ___   + ___   Addiere alle, die zusteigen und alle, die aussteigen.

Heubach   + ___   + ___

Oberndorf   + ___   + ___

_____   _____

37 + _____   – _____ = _____

Wir antworten: _____

_____

48

Multiplikation und Division

Sicherlich kennst du schon die Begriffe „multiplizieren" und „dividieren". Wir wollen sie dir aber hier im Zusammenhang aufschreiben.

Multiplikation – multiplizieren – malnehmen
Faktor mal Faktor = Produkt
21 • 3 = 63

Division – dividieren – teilen
Dividend dividiert durch Divisor = Quotient
45 : 9 = 5

---

1. Im Kopf multiplizieren

a) *Kannst du noch das Einmaleins? Schreibe zu jeder Zahl möglichst viele Einmaleinsaufgaben. Denke auch an das große Einmaleins.*

Beispiel: 48 = 2 • 24 = 3 • 16 = 4 • 12 = 6 • 8 = 8 • 6 = 12 • 4 = 16 • 3 = 24 • 2

24 = _____

_____

64 = _____

_____

32 = _____

_____

72 = _____

_____

36 = _____

18 = _____

b) *Finde in den folgenden Aufgaben den Platzhalter. Trage ein.*

Beispiel: 45 = 3 • **15**

81 = 9 • _____   49 = 7 • _____   28 = 4 • _____

42 = 6 • _____   64 = 8 • _____   63 = 9 • _____

21 = 7 • _____	35 = 5 • _____	48 = 8 • _____
15 = 5 • _____	27 = 9 • _____	54 = 6 • _____
56 = 7 • _____	24 = 6 • _____	32 = 4 • _____

c) Nun kannst du auch das große Einmaleins üben.

108 = 12 • _____	91 = 13 • _____	85 = 17 • _____
108 = 18 • _____	126 = 9 • _____	112 = 16 • _____
99 = 9 • _____	48 = 12 • _____	52 = 13 • _____
120 = 15 • _____	144 = 9 • _____	126 = 7 • _____
225 = 15 • _____	144 = 12 • _____	121 = 11 • _____

d) Wie kommst du zum Endprodukt? Rechne im Kopf und schreibe wie im Beispiel.
Es gibt oft mehrere Lösungsmöglichkeiten. Entscheide dich für eine. In der Lösung nennen wir dir jeweils zwei.

Beispiel: 4 $\underline{\quad \cdot \quad}$ 4 $\underline{\quad \cdot 3}$
$\longrightarrow \underline{16} \longrightarrow 48$

5 • _____ → _____ • _____ → 90	4 • _____ → _____ • _____ → 64
6 • _____ → _____ • _____ → 72	2 • _____ → _____ • _____ → 100
3 • _____ → _____ • _____ → 108	7 • _____ → _____ • _____ → 84
6 • _____ → _____ • _____ → 96	7 • _____ → _____ • _____ → 168
8 • _____ → _____ • _____ → 144	10 • _____ → _____ • _____ → 180

e) Rechne im Kopf und setze die Zeichen >, < oder = ein.

Beispiel: 7 • 9 = > 8 • 7

8 • 12 _____ 6 • 16   7 • 15 _____ 3 • 13

4 • 17 _____ 9 • 11   18 • 9 _____ 16 • 3

5 • 21 _____ 7 • 15   11 • 8 _____ 6 • 17

8 • 14 _____ 7 • 16   9 • 7 _____ 8 • 8

19 • 5 _____ 9 • 11   17 • 7 _____ 6 • 13

f) Besonders einfach geht das Multiplizieren mit ganzen Zehnerzahlen. An die Zahl werden so viele Nullen angehängt, wie ein Faktor Nullen hat.

Beispiel: 23 • 10 = 230   23 • 100 = 2 300   23 • 1 000 = 23 000 usw.

96 • 10 = _____   496 • 100 = _____   632 • 1 000 = _____

84 • 10 = _____   187 • 100 = _____   523 • 1 000 = _____

105 • 10 = _____   654 • 100 = _____   798 • 1 000 = _____

289 • 10 = _____   1 876 • 100 = _____   3 167 • 1 000 = _____

65 • 10 = _____   3 148 • 100 = _____   8 469 • 1 000 = _____

g) Rechne mit Vorteil, aber rechne im Kopf. Schreibe nur das Ergebnis hin.

Beispiel: 125 • 9 = 125 • 10 = 1 250 – 125 = 1 125
125 • 11 = 125 • 10 = 1 250 + 125 = 1 375

230 • 9 = _____   230 • 11 = _____

420 • 9 = _____   420 • 11 = _____

310 • 9 = _____   310 • 11 = _____

540 • 9 = _____   540 • 11 = _____

170 • 9 = _____   170 • 11 = _____

660 • 9 = _____   660 • 11 = _____

640 • 9 = _____   640 • 11 = _____

590 • 9 = _____   590 • 11 = _____

h) Auch bei den nächsten Aufgaben kann dir ein Rechenvorteil helfen. Beim Multiplizieren kannst du die Faktoren vertauschen und damit vorteilhafter rechnen. Schreibe wie im Beispiel und rechne im Kopf.

Beispiel: $2 \cdot 18 \cdot 5 = 2 \cdot 5 \cdot 18 = 10 \cdot 18 = 180$

$4 \cdot 17 \cdot 25 =$ _____

$2 \cdot 39 \cdot 50 =$ _____

$5 \cdot 41 \cdot 20 =$ _____

$8 \cdot 94 \cdot 125 =$ _____

$4 \cdot 26 \cdot 250 =$ _____

2. Im Kopf dividieren

a) Findest du alle Teiler dieser Zahlen? Denke dabei an das große und kleine Einmaleins. Im Anhang findest du die Teilbarkeitsregeln.

Beispiel: 75: Teiler sind 3, 5, 15, 25, 75

12: Teiler sind _____

24: Teiler sind _____

36: Teiler sind _____

48: Teiler sind _____

56: Teiler sind _____

84: Teiler sind _____

100: Teiler sind _____

b) Finde in den folgenden Aufgaben den Platzhalter.

Beispiel: 45 : 5 <u>= 9</u>

49 : 7 = ____	25 : 5 = ____	36 : 9 = ____
56 : 7 = ____	64 : 8 = ____	72 : 9 = ____
28 : 7 = ____	32 : 4 = ____	63 : 9 = ____
81 : 9 = ____	21 : 7 = ____	45 : 9 = ____
63 : 9 = ____	48 : 6 = ____	42 : 7 = ____

c) Nun kannst du auch das große Einmaleins üben.

108 = 12 • _____	91 = 13 • _____	85 = 17 • _____
108 = 18 • _____	126 = 9 • _____	112 = 16 • _____
99 = 9 • _____	48 = 12 • _____	52 = 13 • _____
120 = 15 • _____	144 = 9 • _____	126 = 7 • _____

d) Wie kommst du zum zweiten Quotienten? Rechne im Kopf und schreibe wie im Beispiel. Es gibt oft mehrere Lösungsmöglichkeiten. Entscheide dich für eine. In der Lösung nennen wir dir jeweils zwei.

Beispiel: 72 $\underline{: 4}$ —> **18** : 6 —> 3

126 : _____ —> _____ : _____ —> 7	80 : _____ —> _____ : _____ —> 5
168 : _____ —> _____ : _____ —> 7	180 : _____ —> _____ : _____ —> 4
160 : _____ —> _____ : _____ —> 5	336 : _____ —> _____ : _____ —> 7
540 : _____ —> _____ : _____ —> 9	140 : _____ —> _____ : _____ —> 2
600 : _____ —> _____ : _____ —> 25	1500 : _____ —> _____ : _____ —> 5

e) Dividiere im Kopf, aber aufgepasst, hier bleibt immer ein Rest übrig. Schreibe wie im Beispiel und sprich dazu.

Beispiel: 65 : 7 = 9 R2; sprich dazu: 65 dividiert durch 7 ist 9, Rest 2

45 : 6 = _____	59 : 8 = _____
67 : 9 = _____	69 : 7 = _____
93 : 10 = _____	106 : 15 = _____
113 : 12 = _____	142 : 17 = _____

f) *Besonders einfach geht auch das Dividieren durch ganzen Zehnerzahlen. Von der Zahl werden nur so viele Nullen abgestrichen, wie der Divisor Nullen hat.*

Beispiel: $230 : 10 = 23$ $2\,300 : 100 = 23$ $23\,000 : 1\,000 = 23$ usw.

$540 : 10 =$ _____ $5\,800 : 100 =$ _____ $65\,000 : 1\,000 =$ _____

$150 : 10 =$ _____ $7\,500 : 100 =$ _____ $43\,000 : 1\,000 =$ _____

$490 : 10 =$ _____ $15\,000 : 100 =$ _____ $457\,000 : 1\,000 =$ _____

$680 : 10 =$ _____ $34\,700 : 100 =$ _____ $210\,000 : 1\,000 =$ _____

$780 : 10 =$ _____ $40\,800 : 100 =$ _____ $854\,000 : 1\,000 =$ _____

$770 : 10 =$ _____ $63\,500 : 100 =$ _____ $923\,000 : 1\,000 =$ _____

g) *Zum Schluss lernst du noch zwei weitere Rechenvorteile kennen.*
   Sie berücksichtigen folgende Tatsache: $10 = 2 \cdot 5$ oder $10 : 2 = 5$.

Rechne auch bei den folgenden Aufgaben unbedingt nur im Kopf und schreibe wie im Beispiel.

Beispiel: $64 \cdot 5 = 64 \cdot 10 : 2 = 320$ $810 : 5 = 810 \cdot 2 : 10 = 162$

$23 \cdot 5 =$ _____ $725 : 5 =$ _____

$56 \cdot 5 =$ _____ $235 : 5 =$ _____

$49 \cdot 5 =$ _____ $340 : 5 =$ _____

$38 \cdot 5 =$ _____ $1\,450 : 5 =$ _____

$66 \cdot 5 =$ _____ $565 : 5 =$ _____

$87 \cdot 5 =$ _____ $2\,670 : 5 =$ _____

$73 \cdot 5 =$ _____ $3\,780 : 5 =$ _____

$95 \cdot 5 =$ _____ $1\,895 : 5 =$ _____

h) *Die Geheimschrift kennst du schon. Löse die Aufgaben und entschlüssele anschließend nach folgender Tabelle.*

$2 \cdot 149 \cdot 5$ $=$ _____

$153 : 9$ $=$ _____

$2 \cdot 2 \cdot 2\,349 \cdot 5$ $=$ _____

$1\,000 : 8$ $=$ _____

1	2	3	4	5	6	7	8	9	0
B	A	X	I	E	L	R	M	S	T
D	S	Z	R	I	L	U	E	Q	U
C	N	E	S	A	C	E	O	H	N
F	I	O	W	T	R	D	W	I	V

Lösung: _____?

3. Schriftlich multiplizieren

a) *Zum Wiederholen erhältst du zunächst einfache Aufgaben, die du noch aus der Grundschule kennst. Rechne wie im Beispiel.*

Beispiel:
$$235 \cdot 56$$
$$11750$$
$$+ \ 1410$$
$$\underline{\mathbf{13160}}$$

$386 \cdot 72$	$763 \cdot 87$	$926 \cdot 36$	$245 \cdot 34$
_____	_____	_____	_____
_____	_____	_____	_____
_____	_____	_____	_____

b) *Dieses sehr ausführliche Multiplizieren wollen wir nun vereinfachen.*
   Dazu ein Beispiel und einige Erklärungen.

$$476 \cdot 678$$
$$285600$$ -> Du hast gerechnet: 6 • 476, geschrieben hast du aber 285 600
$$33320$$ -> Du hast gerechnet: 7 • 476, geschrieben hast du aber 33 320
$$+ \ 3808$$ Die Nullen am Ende kannst du dir beim Schreiben sparen.
$$\underline{\mathbf{322728}}$$ Du darfst sie allerdings nicht beim Rechnen vergessen.

Du beginnst deshalb beim Anschreiben unter der Zahl, mit der Du gerechnet hast.

In ausführlicher Form sieht das so aus:

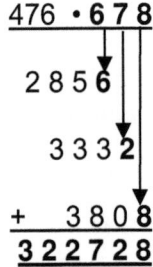

Bei den nächsten Aufgaben kannst du doch ohne diese Hilfe rechnen, oder? Damit du einfacher untereinander schreiben kannst, haben wir den zweiten Faktor weiter auseinander geschrieben.

$872 \cdot 8\ 5\ 4$	$951 \cdot 6\ 4\ 8$	$437 \cdot 3\ 1\ 6\ 8$
_____	_____	_____
_____	_____	_____
_____	_____	_____

Nun rechne selbst!

687 · 7 234   931 · 2 375   521 · 6 534

1473 · 2865   6281 · 3962   76321 · 852

264 · 9765   2765 · 7423   16987 · 6543

123 · 4567   31809 · 2753   5734 · 8409

c. Ergänze die fehlenden Ziffern. Denke dabei auch schon an die Division, denn sie ist die
Umkehraufgabe zur Multiplikation.

```
 . 51 · 764            634 · . . .           . . 2 · 7 . 1
   59 . .                 5706                   . . . .
   . . . .              . . . .                  . . 12
   . . . .              . . .                    35 .
   . . . . . .          590254                   . . . . . .
```

d) Rechne vorteilhaft. Überschlage vor dem Multiplizieren Faktoren im Kopf und rechne erst dann schriftlich.

Beispiel: 724 • 12 • 20 = 724 • 240

675 • 3 • 25 =   429 • 11 • 9 =   312 • 9 • 12 =

_____   _____   _____

953 • 6 • 18 =   479 • 30 • 5 =   293 • 4 • 50 =

_____   _____   _____

e) Vereinfache durch Ausklammern. Rechne wie im Beispiel.

Beispiel: 37 • 7 + 23 • 7 = (37 + 23) • 7 = 60 • 7 = 420

        oder: 46 • 8 – 16 • 8 = (46 – 16) • 8 = 30 • 8 = 420

23 • 2 + 47 • 2 = _____

55 • 4 + 35 • 4 = _____

41 • 9 + 19 • 9 = _____

62 • 8 + 38 • 8 = _____

17 • 6 + 73 • 6 = _____

36 • 5 + 24 • 5 = _____

44 • 3 + 36 • 3 = _____

41 • 7 – 11 • 7 = _____

39 • 6 – 29 • 6 = _____

98 • 4 – 28 • 4 = _____

57 • 8 – 27 • 8 = _____

93 • 3 – 63 • 3 = _____

44 • 9 – 14 • 9 = _____

85 • 2 – 25 • 2 = _____

4. Schriftlich dividieren

a) Dividiere halbschriftlich. Zerlege zuerst in Einmaleinszahlen und rechne dann wie im Beispiel.

Beispiel: 4 529 : 7 = 4 200 : 7 + 280 : 7 + 49 : 7 = 600 + 40 + 7 = **647**

5 000 : 8 = _____

1 488 : 6 = _____

3 928 : 4 = _____

7 119 : 9 = _____

2 610 : 3 = _____

2 892 : 12 = _____

7 602 : 14 = _____

3 376 : 16 = _____

8 528 : 13 = _____

9 768 : 11 = _____

b) Die Division ist die Umkehraufgabe der Multiplikation. Finde in folgenden Aufgaben den Platzhalter
   und rechne dann aus.

Beispiel: 423 • _____ = 61 335

423 • **145** = 61 335

61 335 : 423 = 145
  423
 1903
 1692
  2115
  2115
  _____

314 • _____ = 58 090

58 090 : _____ = _____

347 • _____ = 90 567

90 567 : _____ = _____

529 • _____ = 184 092   184 092 : _____ = _____

729 • _____ = 67 797   67 797 : _____ = _____

209 • _____ = 143 583   143 583 : _____ = _____

c) Bei diesen Divisionen bleibt ein Rest.

34 764 : 154 = _____   56 863 : 257 = _____

87 546 : 398 = _____   89 065 : 784 = _____

96 473 : 352 = _____   76 983 : 578 = _____

47 689 : 721 = _____   78 453 : 832 = _____

5. Vermischte Aufgaben

Vollende die Rechenkette, verwende als Rechenzeichen nur „•" oder „:".
Rechne unter der Kette im Heft.

420 • ____ = 23 520 : 24 = 980 : ____ = 7

____ • 49 = 30 870 : ____ = 343 ____ 2 = 686

31 311 ____ 147 = 213 : ____ = 71 ____ 19 = 1 349

6. Sachaufgaben

In diesem Heft hast du schon einige Tipps für die Bearbeitung von Sachaufgaben erhalten. Lies sie noch einmal durch, bevor du weiterrechnest.

a) Ein Kaufhaus verkauft 140 DVD-Player der gleichen Marke für insgesamt 11 620 €. Wie teuer ist ein Gerät?

Wir wissen: _____

_____

Wir fragen: _____

Wir rechnen: _____ € : _____ = _____ €

Wir antworten: _____

b) Ein Großhändler kauft Bananen für 4 248 €. Ein Kiste kostet 18 €. Wie viele Kisten kauft er?

Wir wissen: _____

_____

Wir fragen: _____

Wir rechnen: _____ € : _____ € = _____

Wir antworten: _____

c) Ein Güterzug zieht 27 Wagen mit einem Gewicht von je 25 600 kg und 15 Wagen mit einem Gewicht von je 21 400 kg. Welches Gewicht muss die Lokomotive ziehen?

Wir wissen: _____

_____

Wir fragen: _____

Wir rechnen: _____ kg • ___   _____ kg • ____

_____ kg + _____ kg = _____ kg =

_____ t _____ kg

Wir antworten: _____

d) Auf einem Jahrmarkt füllt ein Süßwarenverkäufer 5 kg gebrannte Mandeln in Tüten zu je 250 g ab und 6 kg gebrannte Haselnüsse in Tüten zu je 200 g. Auf dem Tisch liegen schon 80 Portionen türkischer Honig, jede ist 125 g schwer. Wie viele Tüten Mandeln und Haselnüsse bekommt er? Wie viel türkischen Honig hat er insgesamt?

Wir wissen: _____

_____

Wir fragen: _____

Tipp: Achte auf gleiche Benennungen. Am besten rechnest du mit Gramm.

Wir rechnen: Wir rechnen um: 5 kg = _____ g;   6 kg = _____ g

gebrannte Mandeln: _____ g : _____ g = _____ Tüten

gebrannte Haselnüsse: _____ g : _____ g = _____ Tüten

türkischer Honig: _____ g • ___

_____ g = _____ kg

Wir antworten: _____

e) Die Klasse 5a (27 Schüler und Schülerinnen) fährt nach Nürnberg. Der Bus kostet 216 €.
Für Eintrittsgelder sind insgesamt 3 € zu zahlen. Karin hat 15 € dabei. Reicht das Geld
noch für eine Portion Pommes frites (2,50 €) und ein Eis (1 €)?

Wir wissen: _____

_____

Wir fragen: _____

Wir rechnen: Berechnung der Fahrtkosten:

_____ € : _____ = _____ €

Berechnung der Gesamtkosten:
Fahrt + Eintritt + Pommes + Limonade =

____ € + ____ € + ____ € + ____ € = _____ €

15 € – _____ € = _____ €

Wir antworten: _____

f) Ein Wasserbehälter muss aufgefüllt werden. Es fehlen 6 912 hl. Pro Sekunde fließen 24 l zu.
Wann ist der Behälter gefüllt?

Wir wissen: _____

_____

Wir fragen: _____

Tipp: Du rechnest hier mit zwei Größen, mit der Wassermenge und der Zeit.
Achte auf die unterschiedlichen Umrechnungszahlen.

Wir rechnen: Umrechnung von hl in l: 6 912 hl = _____ l
Berechnung der Füllzeit:

_____ l : 24 l = _____ Sek.

Umrechnung der Sekunden in Stunden: 1 Std. hat 3 600 Sek.

_____ Sek. : 3 600 Sek. = _____ **Std.**

Wir antworten: _____

Übungen mit den vier Rechenarten

1. Wichtige Regeln in der Mathematik

Die Klasse 5b erhält folgende Aufgabe zur Bearbeitung:

$$2 \cdot 7 + 3 \cdot 8$$

Kathrin rechnet: $7 + 3 = 10 \cdot 2 = 20 \cdot 8 = 160$
Sonja rechnet: $2 \cdot 7 = 14 + 3 = 17 \cdot 8 = 136$
Mark rechnet: $2 \cdot 7 = 14; \ 3 \cdot 8 = 24; \ 14 + 24 = 38$
Philipp rechnet: $3 \cdot 8 = 24 + 7 = 31 \cdot 2 = 62$

Jeder glaubt, richtig gerechnet zu haben und ist sehr erstaunt, als die Lehrerin nur Mark lobt.

Sicherlich weißt du, welche Fehler die anderen Schüler gemacht haben. Sie haben eine wichtige Regel der Mathematik nicht beachtet.

1. Regel: Punktrechnung geht vor Strichrechnung.

a) Dazu rechnen wir nun gleich einige Aufgaben. Sicherlich kannst du sie im Kopf lösen. Setze Klammern, dann fällt es dir leichter.

Beispiel: $(4 \cdot 7) + (3 \cdot 8) = 28 + 24 = 52$

$5 \cdot 9 + 7 \cdot 8 =$ _____ = ____ $6 \cdot 4 + 7 \cdot 3$ = _____ = ____

$9 \cdot 7 - 2 \cdot 7 =$ _____ = ____ $108 : 6 - 2 \cdot 7$ = _____ = ____

$4 \cdot 3 + 7 \cdot 5 =$ _____ = ____ $65 : 5 + 9 : 3$ = _____ = ____

$7 \cdot 7 + 9 \cdot 8 =$ _____ = ____ $225 : 5 - 6 \cdot 6$ = _____ = ____

$7 \cdot 4 + 9 \cdot 3 =$ _____ = ____ $117 : 9 - 5 \cdot 2$ = _____ = ____

Tipp: Wenn du Klammern setzt, kannst du dich nicht verrechnen.

Wie muss die folgende Aufgabe gerechnet werden?

$(27 + 31) : 2 \ =$
    $27 + 31 = 58$
    $58 : 2 \ = 29$

2. Regel: Die Klammer geht vor.

b) Auch dazu gleich einige Übungsaufgaben. Rechne sie wieder im Kopf.

Beispiel: $(29 + 45) : 2 = 74 : 2 = 37$

$(58 + 92) : 3 =$ ____ $(97 - 83) \cdot 5 =$ ____ $(36 - 29) \cdot 9 \ =$ ____

$(42 + 84) : 9 =$ ____ $(85 - 31) \cdot 4 =$ ____ $(17 + 33) \cdot 6 \ =$ ____

$(51 + 45) : 6 =$ ____ $(227 - 56) : 9 =$ ____ $(231 - 81) \cdot 4 \ =$ ____

Auch in der Klammer können Punkt- und Strichrechnungen vorkommen. Hier gilt ebenfalls die 1. Regel.

3. Regel: Auch in der Klammer gilt Punkt vor Strich.

c) Beachte bei den folgenden Aufgaben die Regeln 1, 2 und 3. Schreibe und rechne wie im Beispiel.

Beispiel: $(5 \cdot 7 + 13) \quad : 12 =$
$\quad\quad\quad (35 + 13) \quad : 12 =$
$\quad\quad\quad\quad\quad 48 \quad\quad : 12 = \underline{\mathbf{4}}$ oder

$\quad (24 : 6 + 14) : (28 : 7 + 5) =$
$\quad\quad (4 \;+ 14) : \quad (4 + 5) \quad =$
$\quad\quad\quad\quad 18 : 9 \quad\quad\quad\quad = \underline{\mathbf{2}}$

$(63 - 7) \cdot 2 - 15 \cdot 4 \quad =$
_____ =
_____ = _____

$13 \cdot 7 + 5 \cdot (113 - 72) \quad =$
_____ =
_____ = _____

$100 + 7 \cdot (17 + 3 \cdot 11) =$
_____ =
_____ = _____

$25 \cdot 4 + (97 - 83) \cdot 11 \quad =$
_____ =
_____ = _____

$(18 + 8 \cdot 3) : (78 - 72) \quad =$
_____ =
_____ = _____

$420 - (325 : 25 + 47) : 3 \quad =$
_____ =
_____ = _____

$90 : 5 + (9 + 15) : 3 \quad =$
_____ =
_____ = _____

$(300 : 3 + 25 \cdot 4) - 9 \quad =$
_____ =
_____ = _____

$44 : 4 + (9 + 55) : 8 \quad =$
_____ =
_____ = _____

$(996 : 2 - 14) : 4 - 21 \quad =$
_____ =
_____ = _____

$36 : 9 + (83 - 6) : 7 \quad =$
_____ =
_____ = _____

$(117 : 13 + 16) : 5 + 18 \quad =$
_____ =
_____ = _____

Wenn mehrere Punktrechnungen hintereinander ausgeführt werden sollen, gibt es auch eine wichtige Regel.

---

4. Regel: Punktrechnungen werden nacheinander ausgeführt.

---

d) Wende in den folgenden Aufgaben diese Regel an.

Beispiel: $14 \cdot 12 : 8 \cdot 5 : 15 =$
$ 14 \cdot 12 = 168 : 8 = 21 \cdot 5 = 105 : 15 = \underline{\mathbf{7}}$

$666 : 9 : 2 \cdot 3 \cdot 5 \;=\;$ _____

$728 : 7 \cdot 2 : 4 \cdot 20 =$ _____

$52 \cdot 8 : 4 : 2 \cdot 12 \;=\;$ _____

$150 : 3 \cdot 7 : 14 \cdot 4 =$ _____

$500 : 5 \cdot 7 : 35 \cdot 5 =$ _____

$160 : 20 : 2 \cdot 9 \cdot 9 =$ _____

$740 : 10 : 2 \cdot 5 \cdot 2 =$ _____

2. Rechnen mit diesen Regeln

a) Wende in den folgenden Aufgaben die 4 Regeln an. Überlege bei jeder Aufgabe, welche der Regeln du brauchst.

$33 \cdot (8 - 6) \cdot 2 =$ _____

$23 \cdot 3 - 22 : 2 =$ _____

$(36 - 24 : 6) + 15 =$ _____

$(94 - 66) \cdot 3 - 81 =$ _____

$23 + (4 \cdot 3 + 13 \cdot 5) =$ _____

$4 \cdot (36 - 11) \cdot 3 =$ _____

$66 : 11 + 51 : 17 =$ _____

$(98 - 14 \cdot 6) + 36 =$ _____

$66 : (71 - 49) + 78 =$ _____

$18 - (48 : 16 + 84 : 21 \cdot 3) =$ _____

$49 : (108 : 12 - 2) + 19 \cdot 9 =$ _____

$(115 - 34) : (378 : 9 : 6 + 424 : 212) =$ _____

Tipp: Bei den folgenden Aufgaben ergänzt du am besten jedes Mal die einzelnen Schritte, die wir dir vorgeben. Dann fällt dir das Rechnen leichter.

Beispiel 1: *Multipliziere die Summe von 43 und 56 mit 81.*

die Summe   (43 + 56)

multipliziere mit   • 81

(43 + 56) • 81 = 99 • 81 = **8 019**

Beispiel 2: *Dividiere die Summe aus 153 und 297 durch die Differenz der Zahlen 361 und 271.*

die Summe   (153 + 297)

dividiere durch die Differenz   : (361 − 271)

(153 + 297) : (361 − 271) = 450 : 90 = **5**

b) *Dividiere die Differenz aus 525 und 381 durch 12.*

    die Differenz   _____

    dividiere durch   _____

_____ = _____

c) *Multipliziere die Differenz der Zahlen 81 und 59 mit 4.*

    die Differenz   _____

    multipliziere mit   _____

_____ = _____

d) *Dividiere die Summe aus 105 und 210 durch 15.*

    die Summe   _____

    dividiere durch   _____

_____ = _____

e) *Multipliziere die Summe aus 36 und 82 mit der Differenz aus 42 und 35.*

    die Summe   _____

    multipliziere mit der Differenz   _____

_____ = _____

f) *Multipliziere den Quotienten aus 84 und 12 mit dem Quotienten aus 98 und 7.*

    der Quotient   _____

    multipliziere mit dem Quotienten   _____

_____ = _____

Sachaufgaben zu den vier Grundrechnungsaufgaben

Tipp: Wenn du bei € nicht mit Komma rechnen kannst oder willst, dann rechne den Betrag in Cent um.

1) Herr Steiner bezahlt beim Metzger eine Rechnung mit einem 100 Euro-Schein. Er erhält 47,60 € Wechselgeld. Wie hoch war die Rechnung?

Wir wissen: _____

_____

Wir fragen: _____

Wir rechnen: 100 € = _____ Cent   47,60 € = _____ Cent

Wir antworten: _____

2) Hans atmet durchschnittlich 29 Mal in einer Minute. Wie viele Atemzüge sind das an einem Tag, in einem Jahr (365 Tage)?

_____

_____

_____

Wir rechnen: Atemzüge pro Stunde: _____ • _____ = _____

Atemzüge pro Tag: _____ • _____

Atemzüge pro Jahr: _____ • _____

Wir antworten: _____

3) *Eine Fabrik zahlt in einer Woche an die 875 Mitarbeiter 462 000 €. Wie hoch ist der Wochenlohn eines Mitarbeiters? Wie viel verdient ein Arbeiter im Jahr, wenn er im Dezember einen Monatslohn zusätzlich erhält?*

Wir wissen: _____

_____

Wir fragen: _____

Wir rechnen: Berechnung des Wochenlohns:

_____ € : _____ = _____ €

Berechnung des Monatslohns: _____ € • 4

_____ €

Berechnung des Jahreslohns: _____ € • 13

_____

_____

_____ €

Wir antworten: _____

4) *Der Klassensprecher der Klasse 5c sammelt für eine Theaterfahrt pro Schüler 4,50 € für die Fahrt und 7,50 € für den Eintritt ein. Wie viele Schüler haben schon bezahlt, wenn er bereits 252 € hat?*

Wir wissen: _____

_____

Wir fragen: _____

Wir rechnen: Kosten pro Schüler: _____ € + _____ € = _____ €

Berechnung der Schülerzahl:

Wir antworten: _____

5) Frau Gruber kauft für den Sportunterricht ein. Petra erhält einen Trainingsanzug zu 105 € und ein Paar Sportschuhe für 61,30 €. Ihr Bruder Klaus erhält Fußballschuhe, die 125,60 € kosten. Frau Gruber hat 300 € dabei. Können die beiden Kinder noch Tischtennisbälle bekommen? Eine Packung zu 5 Stück kostet 3,50 €.

Wir wissen: _____

_____

Wir fragen: _____

Wir rechnen: Gesamtkosten: _____ €   Restgeld: 300,00 €

_____ €   – _____ €

+ _____ €   _____ €

_____ €

Wir antworten: Sie können noch ____ Packungen kaufen.

6) Daniela zählt ihre Schritte zur Schule, die sie täglich macht. Es sind 895 Schritte. Ein Schritt ist 65 cm lang. Wie viele Kilometer legt sie ungefähr in einem Schuljahr (= 215 Tage) zurück. Runde!

Wir wissen: _____

_____

Wir fragen: _____

Wir rechnen: Schritte pro Jahr: _____ • _____

Berechnung der Strecke: _____ • 65 cm

Umrechnung in Meter und Kilometer:

_____ cm : 100 = _____ m

_____ m : 1000 = _____ km ≈ _____ km

Wir antworten: _____

7) Ein Taschenkalender kostet 1,75 €. Firma Huber bestellt 1 500 Stück. Wie viel muss sie bezahlen?
Wenn die Firma 2 000 Stück abnimmt, muss sie nur 3 320 € bezahlen.
Wie viele Cent ist dann ein Kalender billiger?

Wir wissen: _____

_____

Wir fragen: _____

Wir rechnen: _____ Cent • _____   332 000 Cent: _____ = _____ Cent

_____   = _____ €

_____

_____ Cent

Preisunterschied: _____ € – _____ € = _____ €

Wir antworten: _____

8) Der FSV Maierhausen veranstaltete ein Sportsfest. Eine Eintrittskarte kostete 5,50 €. Der Verein nahm 2 156 € ein. Wie viele Besucher waren gekommen?

Wir wissen: _____

_____

Wir fragen: _____

Wir rechnen: _____ Cent : _____ Cent = _____

Wir antworten: _____

9) Ein Schiedsrichter läuft in einem Fußballspiel durchschnittlich 9 300 m. Wie viele Kilometer legte er zurück, wenn er jährlich 32 Spiele leitete und 18 Jahre als Schiedsrichter tätig war?

Wir wissen: _____

_____

Wir fragen: _____

Wir rechnen: Berechnung der Strecke   _____ m • _____

in einem Jahr: _____

_____

_____ m

Berechnung der Strecke   _____ m • _____
in 18 Jahren:

_____

_____

_____ m

Umrechnung in km und m:

=_____ km _____ m

Wir antworten: _____

*10) Ein Huhn legt im Jahr etwa 195 Eier. Eine Hühnerfarm mit 1 540 Legehennen erhält pro Ei
46 Cent. Wie viel nimmt die Farm pro Jahr ein?*

Wir wissen: _____

_____

Wir fragen: _____

Wir rechnen: Gesamtanzahl der Eier: _____ • _____ Eier

_____

_____

_____

_____ Eier

Berechnung des Preises: _____ • _____ Cent

_____

_____

_____ Cent =

_____ €

Wir antworten: _____

11) *Vier Enkel erben die drei Sparbücher ihrer Großmutter. Auf den Sparbüchern sind folgende Beträge: 1 450 €, 2 781 €, 3 785 €. Die vier Enkel teilen das Erbe gleichmäßig auf.*

Wir wissen: _____

_____

Wir fragen: _____

Wir rechnen: Gesamterbe:_____ €

_____ €

+ _____ €

_____ €

Summe pro Enkel: _____ € : _____ = _____ €

Wir antworten: _____

12) *Marion macht Urlaub und rechnet: Die Vollpension in einer Jugendherberge kostet 27 €. Die Bahnfahrt hin und zurück kostet 97 €. Marion möchte 12 Tage in der Jugendherberge bleiben. Wie viel darf sie durchschnittlich pro Tag ausgeben, wenn sie 625 € dabei hat?*

Wir wissen: _____

_____

Wir fragen: _____

Wir rechnen: Kosten: Jugendherberge: _____ € • _____

_____

_____

_____ €

Fahrt: + _____ €

Gesamtkosten: _____ €

Restbetrag: _____ €

− _____ €

_____ €

pro Tag: _____ € : _____ = _____ € ≈ _____ €

Wir antworten: _____

13) *Ein Fernfahrer legt durchschnittlich 450 km pro Tag zurück. Wie oft mal umrundet er in einem Jahr (365 Tage) die Erde (Erdumfang ca. 40 077 km)? Runde.*

Wir wissen: _____

_____

Wir fragen: _____

Wir rechnen: Strecke pro Jahr: _____ km • _____

_____

_____

_____

_____ km

Überschlage im Kopf:
Erdumfang: Gesamtstrecke ≈ _____ **Mal**

Wir antworten: _____

14) *Großmutter feiert ihren 75. Geburtstag in einem Hotel. Das Essen kostet pro Person 65 €, für Getränke werden insgesamt 270 € berechnet. Blumenschmuck und Menükarten kosten 54 €. Ihre drei Enkel teilen sich die Rechnung. Wie viel muss jeder bezahlen, wenn 15 Gäste geladen waren?*

Wir wissen: _____

_____

Wir fragen: _____

Wir rechnen: Essen: _____ € • _____

_____

_____

_____ €

Kosten: Essen _____ €

Getränke _____ €

Blumen, ... +   + _____ €

_____ €

pro Enkel: _____ € : ____ = _____ €

Wir antworten: _____

15) *Kaufmann Neulinger zahlt für seine Geschäftsräume monatlich 589 € Miete. Seine drei Mitarbeiterinnen erhalten folgende Monatslöhne: 1 250 €, 980 € und 1 013 €. Wie viel muss er im Monat, wie viel im Jahr für Miete und Löhne ausgeben?*

Wir wissen: _____

_____

Wir fragen: _____

Wir rechnen: Löhne pro Monat:

_____ € + _____ € + _____ € = _____ €

Kosten pro Monat: _____ € + _____ € = _____ €

Kosten pro Jahr: _____ € • _____

_____

_____

_____ €

Wir antworten: _____

16) Timo hat in 9 Monaten Geburtstag. Er wünscht sich ein Mountain-Bike. Vater beschließt, monatlich 45 € dafür zu sparen, Mutter 30 €. Timo bezahlt 250 €. Wie teuer kommt das Rad?

Wir wissen: _____

_____

Wir fragen: _____

Wir rechnen: Vater und Mutter sparen pro Monat: _____ €

sie sparen in 9 Monaten: _____ € • _____ = _____ €

Timos Anteil: + _____ €

Gesamtkosten: _____ €

Wir antworten: _____

17) Eine Gemeinde baut ein 2 000 m langes Straßenstück. 1 km kostet rund 225 000 €. Die Gemeinde erhält einen Gesamtzuschuss von 250 000 €. Wie viel muss sie pro Meter selbst zahlen?

Wir wissen: _____

_____

Wir fragen: _____

Wir rechnen: Kosten: _____ € • _____ = _____ €

abzüglich Zuschuss: − _____ €

Restsumme: _____ €

Kosten pro Meter: _____ € : _____ =

Wir antworten: _____

18) Addiere zum Quotienten aus 125 und 25 das Produkt aus 37 und 41.

   der Quotient   _____

   das Produkt   _____

   addiere   _____

   _____ = _____

19) Subtrahiere vom Produkt aus 12 und 15 den Quotienten aus 117 und 39.

   das Produkt   _____

   der Quotient   _____

   subtrahiere   _____

   _____ = _____

20) Subtrahiere die Summe aus 154 und 281 vom Produkt aus 25 und 31.

   die Summe   _____

   das Produkt   _____

   subtrahiere   _____

   _____ = _____

21) Multipliziere den Quotienten aus 169 und 13 mit der Differenz aus 169 und 39.

   der Quotient   _____

   die Differenz   _____

   multipliziere   _____

   _____ = _____

22) Herr Schöner möchte eine Esszimmereinrichtung kaufen. Der Geschirrschrank kostet 825 €, der Tisch kostet 460 €, die Hängeschränke kommen auf je 255 € und die Stühle kosten jeder 105 €. Er kauft 8 Stühle. Wie viele Hängeschränke kann er kaufen, wenn er 8 Stühle braucht und für die gesamte Einrichtung nicht mehr als 2 635 € ausgeben will?

Wir wissen: _____

_____

Wir fragen: _____

Wir rechnen: Geschirrschrank + Tisch + Stühle:

_____

Restsumme für Hängeschränke:

_____

Anzahl der Hängeschränke:

Wir antworten: _____

23) Monika will sich eine gute Stereoanlage kaufen. Diese kostet 2 450 €. Sie hat 1 500 € gespart. Den Rest will sie in fünf gleichen Monatsraten bezahlen. Wie viel muss sie jeden Monat bezahlen?

Wir wissen: _____

_____

Wir fragen: _____

Wir rechnen: Berechnung des Restbetrages:

_____

Berechnung der Monatsraten:

_____

Wir antworten: _____

24) Ein Schwimmbecken enthält 720 hl Wasser. In einer Sekunde fließen 24 Liter Wasser ab. Nach welcher Zeit (in Minuten und Sekunden) ist nur noch der dritte Teil des Wassers im Becken?

Wir wissen: _____

_____

Wir fragen: _____

Wir rechnen: Berechnung der Menge, die abfließen muss:

_____

Berechnung der Zeit:

Umrechnung in Minuten und Sekunden:

_____

Wir antworten: _____

25) *Ein Schiff hat 1540 t Kohlen geladen. Wie viele Güterwagen mit einem Fassungsvermögen von 22 t sind nötig, um das Schiff zu entladen? Wie viele braucht man, wenn ein Güterwagen nur 20 000 kg fasst?*

Wir wissen: _____

_____

Wir fragen: _____

Wir rechnen: Anzahl bei einem Fassungsvermögen von 22 t:

Anzahl bei einem Fassungsvermögen von 20 000 kg:

Wir antworten: _____

_____

26) *Herr und Frau Püschel sind beide berufstätig. Sie verdienen zusammen 115 296 €. Frau Püschel arbeitet nur halbtags und verdient deshalb 24 480 € im Jahr weniger. Wie viel verdient jeder im Jahr und wie viel im Monat?*

Wir wissen: _____

_____

Wir fragen: _____

Wir rechnen: Berechnung des Jahresgehaltes von Herr Püschel:

Berechnung des Jahresgehaltes von Frau Püschel:

Berechnung der Monatsgehälter:

Wir antworten: _____

Lösungen

Teil 1: Grundrechnungsarten und Zahlenraum bis zur Billion

Gesamtband

Seite 6,   **Nr. 2**   **b**: Millionen, Hunderttausender, Zehntausender, Tausender, Hunderter, Zehner, Einer;

Seite 7,   **Nr. 3**   **a:** 3M 7HT 5ZT 7H 3Z 2E;   6M 9ZT 4T 7H 5Z 9E;

4M 8ZT 7T 1H 1Z 3E;   9M 6T 5Z 3Z 4E;

8M 9HT 2ZT 1T 1H 2Z 3E;   3HT 4ZT 5H 4Z 1E;

9ZT 6T 7H 7E;

b: 6 307 589;   9 821 870;   3 219 293;   1 048 421;

8 764 352;   2 452 138;   4 133 684;   5 575 707;

c: 4 000 000 + 800 000 + 60 000 + 6 000 + 300 + 20 + 1;

6 000 000 + 900 000 + 70 000 + 2 000 + 700 + 50 + 4;

9 000 000 + 200 000 + 60 000 + 3 000 + 800 + 80 + 7;

3 000 000 + 100 000 + 40 000 + 4 000 + 500 + 30 + 9;

1 000 000 + 800 000 + 50 000 + 6 000 + 300 + 20 + 3;

7 000 000 + 200 000 + 70 000 + 600 + 40 + 3;

2 000 000 + 900 000 + 7 000 + 6;

Seite 8,   **Nr. 3**   **c:** 9 000 000 + 900 000 + 90 000 + 4 000 + 100 + 3;

7 000 000 + 900 000 + 40 000 + 3 000 + 100 + 5;

4 000 000 + 800 000 + 60 000 + 3 000 + 9·

d: 7 627 290;   8 361 927;   9 413 682;   4 135 176;

1 246 344;   2 554 751;   3 778 863;   9 321 415;

Nr.4   300 795;   4 034 619;   9 906 4707 899 200;   856 437;

523 640;   39 797;   84 736;   6 053 105;   12 004 097;   448 335;

Seite 9,	**Nr.5**	520 457,	149 479,	234 913,	804 914;
Seite 10,	**Nr. 5**	248 570	416 255,	310 437,	722 524;·

Seite 11, Nr. 6

a: 999 999;

b: 100 000;

c: 986 430,   304 689;

d: 1 291 119;

e: 681 741;

f: 450 000;   370 000;   830 000;   260 000;   620 000;
480 000;   110 000;   20 000;

g: 680 000;   140 000;   710 000;   520 000;   10 000;
470 000;   240 000;   360 000;

h: 5 900 000;   9 900 000;   9 700 000;   10 200 000;
9 100 000;   7 400 000;   7 300 000;   10 400 000;

Seite 11, Nr. 7   52 195 €;   47 706 €;   85 865 €;

Seite 12, Nr. 7   64,75 €;   140,11 €;   55,95 € ;   44 108 kg;   179 305 kg;
99 118 kg;   42,52 €;   6,00 €;   10,93 €;

Nr. 8   900;   3116;   2848;   3268;   81 750;   280 554;   396 264;
103 320;   245;   745;

Seite 13, Nr. 9   57 022 km;   456 422 km;   238 889 g;   951 647 m;

234 · 876	859 · 764	145 · 901	4564 · 309
187200	601300	130500	1369200
16380	51540	00000	00000
+ 1404	+ 3436	+ 145	+ 41076
204984	**656276**	**130645**	**1410276**

Seite 13, **Nr. 9** 45764 : 65 = 704 R 4   54832 : 81 = 676 R 76
<u>455</u>   <u>486</u>
264   623
<u>260</u>   <u>567</u>
4   562
<u>486</u>
76

Seite 14, **Nr. 1** **b:** Zehnmillionen, Hundertmillionen, Milliarde, Zehnmilliarden, Hundertmilliarden, Billion, Zehnbillionen, Hundertbillionen;

Nr. 2 **a:** 1ZB 4HMrd 1TM 3ZT 7H 6Z 5E;

5B 2HMrd 3ZMrd 4HM 7HT 6ZT 5T 8H 7Z 6E;

Seite 15, **Nr. 2** **a:** 5HMrd 3HM 2ZM 5HT 7H 6Z 5E;

7 HB 8HMrd 1M 3ZT 5T 6H 5Z 1E;

ZB 5B 3Mrd 1HM 7 M 9HT 8ZT 7H 6Z 1E;

2HB 7HMrd 2HM 2ZT 1T 6H 1Z 1E;

3B 2ZMrd 1 Mrd 8HM 7ZM 6M 7H 9Z 9E;

b: 390 600 290 400 435;   45 900 345 500 765;

430 770 271 651 800;   7 600 540 121;

250 000 300 990 388;   990 400 730 651 000;

1 345 765 890 871;   42 100 350 390 700;

Nr. 3 42 031 952 340 201;   19 722 951 692;

30 832 090 075 111;   26 450 006 447;

Seite 16, **Nr.4** 651 698 457;   456 964 649;

Seite 17, **Nr.4** 876 553 463;   219 457 242;   441 964 124;

Seite 18, **Nr.4:** 254 179 456;   743 234 123;   112 996 877;

Seite 19, Nr. 5 **a:** 149 999 999;   379 999 999;   489 999 999;   669 999 999;

120 399 999;   590 539 999;   900 234 099;   567 339 999;

789 449 999;   646 799 999;

b: 333 690 000;   934 600 000;   679 500 000;   135 000 000;

789 960 000;   578 990 000;   879 970 000;   300 000 000;

1 000 000 000, 89 999 000;

c: 109 874 521 < 457 321 986 < 876 312 098;

234 174 104 < 850 760 123 < 1 345 273 098;

67 598 011 < 456 984 632 < 21 536 879 423;

345 678 900 < 984 632 123 < 985 534 876;

869 234 321 <2 454 879 647 < 565 764 761 987;

Seite 20, Nr. 5 **d:** 250 000 002;   7 222 232 298;   4 020 220;

e: 4 100, 4 300, Regel: + 200;   7 300, 7 100, Regel: + 400 − 200;

42 000, 43 000, Regel: • 2 + 1 000;   3 500 000, 4 000 000,

Regel: + 500 000 : 2;

50 000, 50, Regel: • 100 : 1 000;

Nr. 6 **a:** 330 000 000;   40 000 000;   660 000 000;   460 000 000;

Seite 21, Nr. 6 **b:** 120 000 000 000;   450 000 000 000;   680 000 000 000;

860 000 000 000;   270 000 000 000;

c: 560 000 000;   20 000 000, 370 000 000;   810 000 000;

d: 340 000 000 000;   260 000 000 000;   810 000 000 000;

630 000 000 000;   140 000 000 000;

Nr. 7:   459 098 345 €   876 098 654 €   138 987 654 €

            + 342 987 652 €   − 456 765 987 €   + 769 653 091 €

            802 085 997 €   419 332 667 €   908 640 745 €

Seite 21,	Nr. 7	987 760 009 €	1 453 098 234 €	5 790 356 123 €
		− 812 975 332 €	+ 342 987 657 €	− 908 567 890 €
		174 784 677 €	1 796 085 891 €	4 881 788 233 €

Seite 22, Nr. 1

a: 875 < 2 345 < 9 653 < 13 574 < 34 990 < 76 897;

43 < 653 = 653 < 2 409 < 2 410 < 123 475 < 198 978;

34 657 > 12 560 > 9890 > 9 889 > 2 560 > 124 > 56;

176 876 > 145 000 > 98 765 > 36 876 > 4 567 > 546 > 67;

213 < 434 < 453 < 5 678 < 32 980 < 234 876 < 237 987 098;

32 < 7 645 < 43 744 = 43 744 < 56 870 < 198 700 < 557 987;

321 < 345 < 3 478 < 4 678 < 23 130 < 67 650 = 67 650 < 987 098;

b: 653 877;   756 891;   134 988;   987 099;   854 872;   75 988;

125 870;   652 910;   737 776;   54 764;   212 653;

387 650;   343 233;   987 997;

Seite 23, Nr. 1

c: 123 457;   123 458;   123 459;

532 791;   532 792;   532 793;

689 125;   689 126;   689 127;

334 457;   334 558;   334 459;

476 934;   476 935;   476 936;

721 126;   721 125;   721 124;

246 799;   246 798;   246 797;

818 817;   818 816;   818 815;

321 007;   321 006;   321 005;

279 125;   279 124;   279 123;

d: 345 987 < 345 988;   765 980 = 765 980;   123 567 > 123 566;

765 097 = 755 097;   346 864 < 346 888;   32 987 = 32 987;

997 450 < 997 459;   807 909 > 807 809;   435 876 = 435 876;

674 098 < 674 099;   435 987 > 54 765;   234 987 < 234 989;

907 321 = 907 321;   865 543 > 129 854;   98 765 < 100 000;

Seite 24, Nr. 2

a: 250;   770;   170;   590;   3 370;   75 420;   43 870;   1 930;

6980;   32 870;

b: 6 900;   8400;   15 800;   189 800;   4 900;   289 600;   4 800;

65 800;   89 000;

Seite 24,   Nr. 2   **c:** 18 000;   391 000;   4 653 000;   88 000;   9 235 000;   99 000;

877 000;   12 499 000;   99 000;

Nr. 3   **a:** Ü : 50 • 30 : 1 500;   Ergebnis: 1 426;

Ü : 80 • 50 : 4 000;   Ergebnis: 3 807;

Seite 25:   Nr. 3   Ü: 100 • 50 = 5 000;   Ergebnis: 5141;

Ü: 100 • 90 = 9 000;   Ergebnis: 9 870;

Ü: 20 • 70 = 1 400;   Ergebnis: 1 496;

Ü: 500 • 700 = 350 000;   Ergebnis: 320 933;

Ü: 100 • 90 = 9 000;   Ergebnis 8 736;

Ü: 1 700 • 30 = 51 000;   Ergebnis: 50 995;

Ü: 40 • 80 = 3 200;   Ergebnis: 2 765;

Ü: 3 700 • 100 = 370 000;   Ergebnis: 339 720;

b: Ü: 4 500 : 50 = 90;   Ergebnis: 89 R 28;

Seite 26,   Nr. 3   **b:** Ü: 6 400 : 80 = 80;   Ergebnis: 81 R 75;

Ü: 3 500 : 70 = 50;   Ergebnis: 49 R 70;

Ü: 1 400 : 70 = 20;   Ergebnis: 22 R 56;

Ü: 9 000 : 90 = 100;   Ergebnis: 115;

Ü: 3 200 : 40 = 80;   Ergebnis: 79 R 32;

Seite 27,   Nr. 4   **a:** mm, cm, €, m, km;   Sekunde, Minute, Stunde, Tage, Monate, Jahr;

mg, g, kg, t;

l, hl;   €;   Cent;

b: 470 €;   130 mm;   1 000 cm;   8 000 m;

120 Min.;   720 Sek;   730 Tage (oder 104 Wochen);   21 Tage;

500 l;   4 000 kg;   200 000 g;   5 500 Cent;

1 000 dm;   30 000 m;   23 400 Cent;   30 000 kg;   1 440 Min.;   984 Std.

Seite 28,   Nr. 4   **c:** 20 m = 200 dm = 2 000 cm = 20 000 mm;

4 km = 4 000 m = 40 000 dm = 400 000 cm = 4 000 000 mm;

5 dm = 50 cm = 500 mm;   3 kg = 3 000 g = 3 000 000 mg;

10 t = 10 000 kg = 10 000 000 g = 10 000 000 000 mg;

Seite 28, Nr. 4   1 Std. = 60 Min. = 3 600 Sek;

1 Tag = 24 Std. = 1 440 Min. = 86 400 Sek;

120 € = 12 000 Cent;   30 hl = 3 000 l;

3 Wochen = 21 Tage = 504 Std. = 30 240 Min. = 1 814 400 Sek;

15 km = 15 000 m = 150 000 dm = 1 500 000 cm = 15 000 000 mm;

d: 7 m;   2 km;   4 €;   17 cm;   2 Tage;   4 Std.;   2 Monate;   3 Jahre;
120 Min.;   4 kg;   9 t;   2 €;

e: 7 000 000 mm = 700 000 cm = 70 000 € = 7 000 m = 7 km;

150 000 cm = 15 000 € = 1 500 m;

120 000 € = 12 000 m = 12 km;   34 000 000 g = 34 000 kg = 34 t;

172 800 Sek = 2 880 Min. = 48 Std. = 2 Tage;

4 320 Min. = 72 Std. = 3 Tage;

10 080 Min. = 168 Std. = 7 Tage = 1 Woche;

139 000 Cent = 1 390 €;   40 000 l = 400 hl;

Seite 29, Nr. 5   380 cm + 700 cm + 120 cm = 1 200 cm;

14 000 m + 400 m + 3 000 m = 17 400 m;

2 900 l + 7 l + 359 l = 3 266 l;

1 000 g + 400 g + 1 000 g = 2 400 g;

450 Cent + 340 Cent + 400 Cent = 1 390 Cent;

240 Min. + 20 Min. + 17 Min. = 277 Min.;

48 Std. + 21 Std. + 168 Std. = 237 Std.;

8 700 mm + 80 mm + 400 mm = 9180 mm;

9 000 m + 4 000m + 5 500 m = 18 500 m;

12 000 m – 4 500 m = 7 500 m;

7 000 000 g + 12 000 g + 600 g = 7 012 600 g;

50 000 l – 745 l = 49 255 l;

145,70 € – 47,00 € = 98,70 €;

520 Min. – 180 Min. = 340 Min.;

72 Std. – 31 Std. = 41 Std.;

14 400 Sek – 10 000 Sek = 4 400 Sek;

42 000 mm – 350 mm = 41650 mm;

3 000 000 g – 250 000 g = 2 750 000g;

1 200cm – 140cm – 310cm = 750cm;

Seite 29, Nr. 5 816 Std. – 15Std. + 336Std. = 1 137Std.;

1 900 l + 740 l – 300l = 2 340 l;

40 000 € + 1 300 € + 159 € = 41 459 €;

487 000 000 g – 1 500 000 g + 354 g = 485 500 345 g;

1 920 Sek – 12 Sek + 134 Sek = 2 042 Sek

Seite 30, Nr. 1 **a:** 203; 184; 251; 202; 172; 330; 184; 291; 112; 259;

b: 89; 29; 61; 25; 77; 21; 15; 16;

Seite 31, Nr. 2 **a:** 89; 137; 74; 37; 307; 35; 89; 29; 119; 245;

b: 15; 29; 9; 33; 58; 4; 31; 97; 85; 16;

Seite 32· Nr. 3 **a:** 1 094; 122; 196; 603; 356; 20; 191; 111; 166;

217; 398; 203; 206; 257; 282; 342; 229; 688;

539; 1 361; 205; 1 494; 611; 567; 1 978;

5 922; 203; 2 198; 1 031; 921; 984; 1 963;

1 309; 3 256; 1 146; 1 056;

b: 362

209 – 153

117 – 92 – 61

62 – 55 – 37 – 24

31 – 31 – 24 – 13 – 11

15 – 16 – 15 – 9 – 4 – 7

6 – 9 – 7 – 8 – 1 – 3 – 4

Seite 33, Nr. 4 **a:** 1 035; 1 396; 1 890; 1 125; 767; 1 142; 1 283;

1 041; 1 010; 1 066; 1 645; 1 453; 2 290; 2 318;

1 498; 1 674; 1 531; 2 013; 1 528; 1691;

b: 1 431; 1 794; 1 865; 887; 2 155; 1 925; 1 271;

1 368; 1 471; 1 962; 1 597; 1 773; 816; 1 930;

1 333; 2 085; 2 646; 1 539;

Seite 34,   Nr. 4   c: Ergebnisse waagrecht: 2 932;   1 831;   1 743;   2 119;

Ergebnisse senkrecht: 2 363;   3 040;   1 232;   1 990;

Gesamtergebnis: 8 625;

d: 7 564   8 765   5 376   6 587

   8 641   563   972   5 128

+ 7 412   + 3 876   + 2 987 + 1 098

23 617   13 204   9 335   12 813

e: 12 654 + 3 478 + 7 562 + 23 678 + 6 876 = 54 248

654 + 2 876 + 76 908 + 543 + 18 653 = 99 634

6 564 + 765 + 57 654 + 5 431 + 9 765 = 80 179

12 564 + 876 + 1 235 + 8 765 + 987 = 24 427

7 654 + 34 098 + 147 + 9 847 + 5 375 = 57 121

8 745 + 4 532 + 708 + 6 534 + 8 734 = 29 253

f: 28473

14009 – 14464

6528 – 7481 – 6983

2808 – 3720 – 3761 – 3222

1227 – 1581 – 2139 – 1622 – 1600

764 – 463 – 1118 – 1021 – 601 – 999

654 – 110 – 353 – 765 – 256 – 345 – 654

Seite 35,   Nr. 5   a: 21 890;   2 000;   33 089;   6 648;

b: 22 111;   37 222;   35 607;   34 000;   3 945;

21 222;   30 214;   4 000;

Seite 36,   Nr. 5   d: 7 462;   41 057;   568 565;   606;   18 589;   10 031;   10 701;

33 407;   31 235;   4 241;   14 923;   705;   123 333;

19 121;   10 819;

e: 600;   1 600;   5 933;   14 147;   15 147;   19 480;   76 778;

77 778;   82 111;   98 889;   99 889;   104 222;

9 222;   10 222;   14 555;

Seite 37, Nr. 5   **f:** 570 959;   56 905;   640 726;   238 791;   39 590;
354 336;   45 514;   16 475;

g: 105 693;   740 819;   1 918 543;   1 400;

h: 25
   10 – 35
   17 – 7 – 42
   40 – 23 – 16 – 58
   140 – 100 – 77 – 93 – 35
   659 – 519 – 419 – 342 – 249 – 284
   9 999 – 9 340 – 9 859 – 9 440 – 9 098 – 8 849 – 8 565

i:	765 765	1 234 456	145 987 654	12 654 321
	− 543 123	− 1 008 734	− 67 809 873	− 11 345 890
	222 642	225 722	78 177 781	1 308 431

Seite 38, Nr. 6   **a:** 5 332 666 > 3 779 667 > 952 808;
11 636 863 < 11 658 863 = 11 658 863;
125 000 = 125 000 = 125 000;   2 375 855 = 2 375 855 > 2 172 644;

b: 78 252;

Seite 39, Nr. 6   **b:** 355 501;   781 163;   1594;   739 002;

c: 11 667;   56268;   4 463;

Seite 40, Nr. 6   **d:** 3,77 €;   62 km;   194,99 €;   754,20 €;   363 l;   3,90 €;
22,10 m;   16 l;

Seite 42, Nr. 7   **b:** 1 590 kg;

c: 812,34 €;

d: nein, es fehlen 2 000 €;

88

Seite 43, Nr. 7   **e:** 970 €;

f: es reicht, denn er hat noch 885 kg;

Seite 44, Nr. 7   **g:** 13 200 l;

h: 15 Uhr 15;   15 Uhr 30;   15 Uhr 45;

Seite 45, Nr. 7   **i:** 15 Minuten;

j: 14 Uhr 55;   2 Std. 25 Min.;

Seite 46, Nr.7   **k:** Karsten – Manuel: 9 Sek;   Karsten – Matthias: 1 Min. 10 Sek;
Karsten – Georg: 1 Min. 27 Sek;   Manuel – Matthias: 1 Min. 1 Sek;
Manuel – Georg: 1 Min. 18 Sek;
Matthias – Georg: 17 Sek;

l: Daniela: 140 cm;   Steffi: 155 cm;   Petra: 151 cm;   Angelika: 147 cm;

Seite 46, Nr.7   **m:** 20 Fahrgäste;

Seite 48, Nr. 1   **a:** $24 = 2 \cdot 12 = 3 \cdot 8 = 4 \cdot 6 = \ldots$
$64 = 2 \cdot 32 = 4 \cdot 16 = 8 \cdot 8 = \ldots$
$32 = 2 \cdot 16 = 4 \cdot 8 = \ldots$
$72 = 2 \cdot 36 = 3 \cdot 24 = 4 \cdot 18 = 6 \cdot 12 = 8 \cdot 9 = \ldots$
$36 = 2 \cdot 18 = 3 \cdot 12 = 4 \cdot 9 = 6 \cdot 6 = \ldots$
$18 = 2 \cdot 9 = 3 \cdot 6 = \ldots$;

b: 9;   7;   7;   7;   8;   7;

Seite 49 Nr.1   **b:** 3;   7;   6;   3;   3;   9;   8;   4;   8;

c: 9;   7;   5;   6;   14;   7;   11;   4;   4;   8;   16;   18;   15;   12;   11;

Seite 49 **Nr.1**   **d:** 5 • 3 • 6 oder 5 • 9 • 2;

                        4 • 2 • 8 oder 4 • 4 • 4;

                        6 • 2 • 6 oder 6 • 3 • 4;

                        2 • 5 • 10 oder 2 • 2 • 25;

                        3 • 4 • 9 oder 3 • 2 • 18;

                        7 • 2 • 6 oder 7 • 3 • 4;

                        6 • 4 • 4 oder 6 • 2 • 8;

                        7 • 3 • 8 oder 7 • 6 • 4;

                        8 • 2 • 9 oder 8 • 3 • 6;

                        10 • 3 • 6 oder 10 • 2 • 9;

Seite 50, **Nr. 1**   **e:** 96 = 96;   105 > 39; 68 < 99; 162 > 48; 105 = 105;

                        88 < 102;   112 = 112; 63 < 64; 95 < 99; 119 > 78;

                        f: 960, 49 600, 632 000;   840, 18 700, 523 000;   1 050, 65 400, 798 000;

                        2 890, 187 600, 3 167 000;   650, 314 800, 8 469 000;

                        g: 2 070 − 2 530; 3 780 − 4 620; 2 790 − 3 410;

                        4 860 − 5 940; 1 530 − 1 870;

                        5 940 − 7 260; 5760 − 7 040; 5 310 − 6 490;

Seite 51, **Nr. 1**   **h:** 1 700; 3 900; 4 100; 94 000; 26 000;

         Nr. 2   **a:** 12: 2,3,4,6,12;   24: 2,3,4,6,8,12,24;

                        36: 2,3,4,6,9,12,18,36;   48: 2,3,4,6,8,12,16,24,48;

                        56:·2,4,7,8,14,28,56;   84: 2,3,4,6,7,12,14,21,28,42,84;

                        100: 2,4,5,10,20,25,50,100;

                        b: 7, 5, 4; 8, 8, 8; 4, 8, 7; 9, 3, 5; 7, 8, 6;

Seite 52, **Nr. 2**   **c:** 9, 7, 5; 6, 14, 7; 11, 4, 4; 8, 16, 18;

                        d: 126 : 3 : 6 oder 126 : 9 : 2;

                         80 : 8 : 2 oder 80 : 4 : 4; 168 : 4 : 6 oder 168 : 2 : 12;

                         180 : 5 : 9 oder 180 : 3 : 15; 160 : 16 : 2 oder 160 : 4 : 8;

                         336 : 6 : 8 oder 336 : 12 : 4;

Seite 52, Nr. 2   540 : 4 : 15 oder 540 : 20 : 3;   140 : 10 : 7 oder 140 : 5 : 14;

600 : 4 : 6 oder 600 : 3 : 8;

1 500 : 100 : 3 oder 1 500 : 15 : 20;

e: 7R3;   7R3;   7R4;   9R6;   9R3;   7R1;   9R5;   8R6;

Seite 53, Nr. 2   **f:** 54, 58, 65;   15, 75, 43;   49, 150, 457;   68, 347, 210;

78, 408, 854;   77, 635, 923;

g: 115, 145;   280, 47;   245, 68;   190, 290;   330;

113;   435, 534; 365· 756;· 475;   379;·

Seite 54, Nr. 3   **a:** 27 792;   66 381;   33 336;   8 330;

b: 744 688;   616 248;   1 384 416;

Seite 55, Nr.3   **b:** 4 969 758;   2 211 125;   3 404 214;   4 220 145;

24 885 322;   65 025 492;   2 577 960;   20 524 595;

111 145 941;   561 741;   87 570 177;   48 217 206;

c: 851 • 764   634 • 931   352 • 761

5957   5706   2464

5106   1902   2112

3404   634   352

650164   **590254**   **267872**

Seite 56, Nr. 3   **d:** 50 625;   42 471;   33 696;   102 924;   71 850;   58 600;

e: 140;   360;   540;   800;   540;   300;   240;   210;   60;

280;   240;   90;   270;   120;

Seite 57, Nr. 4   **a:** 625;   248;   982;   791;   870;   241;   543;   211;   656;   888;

b: 185;   261;

Seite 58, Nr. 4   **b:** 348;   93;   687;

c: 225 R114;   221 R66;   219 R384;   113 R473;

Seite 59, **Nr. 4** **c:** 274 R25; 133 R109; 66 R 103; 94 R245;

Nr. 5: 420 • 56 = 23 520 : 24 = 980 : 140 = 7;
630 • 49 = 30 870:90 = 343 • 2 = 686;
31 311 : 147 = 213 : 3 = 71 • 19 = 1349;

Seite 60, **Nr. 6** **a:** 1 855 €;

b: 236 Kisten;

Seite 61, **Nr. 6** **c:** 1 012 t 200 kg;

d: 20 Tüten; 30 Tüten; 10 kg;

Seite 62, **Nr. 6** **e:** ja, es reicht, es bleiben noch 50 Cent übrig;

f: 8 Std.;

Seite 63, **Nr. 1** **a:** 101; 45; 49; 4; 47; 40; 121; 9; 55; 3;

b: 50; 70; 63; 14; 216; 300; 16; 19; 600;

Seite 64, **Nr. 1** **c:** 52; 296; 450; 254; 7; 400; 26; 191;
19; 100; 15; 23;

Seite 65, **Nr. 1** **d:** 555; 1 040; 624; 100; 100; 324; 370;

Nr. 2 **a:** 132; 58; 47; 3; 100; 300; 9; 50; 81; 3; 178; 9;

Seite 66, **Nr. 2** **b:** (525 − 381) : 12 = 12;

c: (81 − 59) • 4 = 88;

Seite 66,   **Nr. 2**   **d:** (105 + 210) : 15 = 21;

                          e: (36 + 82) • (42 − 35) = 826;

                          f: (84:12) • (98 : 7) = 98;

Seite 67,   **Nr. 1**   52,40 €;

                Nr. 2   Stunde: 1 740;   Tag: 41 760;   Jahr: 15 242 400;

Seite 68,   **Nr. 3**   Wochenlohn: 528 €;   Monatslohn: 2 112 €;   Jahreslohn: 27 456 €;

                Nr. 4   21 Schüler;

Seite 69,   **Nr. 5**   2 Packungen;

                Nr. 6   ≈125 km;

Seite 70,   **Nr. 7**   2 625 €;   0,09 € oder 9 Cent;

                Nr. 8   392 Besucher;

Seite 71,   **Nr. 9**   5 356 km 800 m;

                Nr. 10   69 069 €;

S. 72,   **Nr. 11**   2 004 €;

                Nr. 12   17 €;

Seite 73,   **Nr. 13**   etwa 4 Mal;

                Nr. 14   433 €;

93

Seite 74,   **Nr. 15**   pro Monat: 3 832 €;   pro Jahr: 45 984 €;

Nr. 16   925 €;

Nr. 17   100 €/m;

Seite 75,   **Nr. 18**   125 : 25 + 37 • 41 = 1 522;

Nr. 19: 12 • 15 – 117 : 39 = 177;

Nr. 20   (25 • 31) – (154 + 281) = 340;

Nr. 21   169:13 • (169 – 39) = 1 690;

Seite 76:   **Nr. 22**   2 Hängeschränke;

Nr. 23   pro Monat: 190 €;

Nr. 24   2 000 Sek = 33 Min. 20 Sek;

Seite 77:   **Nr. 25**   70 Wagen je 22 t;
77 Wagen je 20 000 kg;

Nr. 26   Herr Püschel: Jahresgehalt: 82 128 €, Monatsgehalt: 6 844 €;
Frau Püschel: Jahresgehalt: 33 168 €, Monatsgehalt: 2 764 €;

Anhang

UR = Umrechnungszahl

Längenmaße

1 cm = 10 mmm	UR = 10
1 dm = 10 cm = 100 mm	UR = 10
1 m = 10 dm = 100 cm = 1 000 mm	UR = 10
1 km = 1 000 m	UR = 1 000

Gewichte

1 g = 1 000 mg	UR = 1 000
1 kg = 1 000 g	UR = 1 000
1 t = 1 000 kg = 1 000 000 g	UR = 1 000
1 Pfd. = 500 g	UR = 500

Zeitmaße

1 Minute = 60 Sekunden (Sek.)	UR = 60
1 Stunde = 60 Minuten (Min.)	UR = 60
1 Tag = 24 Stunden (Std.)	UR = 24
1 Woche = 7 Tage	UR = 7
1 Monat = 4 Wochen	UR = 4
1 Jahr = 12 Monate = 365 Tage	UR = 365

Hohlmaße

1 hl = 100 l	UR = 100

Geld

1 € = 100 Cent	UR = 100

Teilbarkeitsregeln:

Eine Zahl ist teilbar durch:

2,	wenn es eine gerade Zahl ist
3,	wenn die Quersumme der Zahl durch 3 teilbar ist Beispiel: 18 – Quersumme 9
4,	wenn die beiden letzten Ziffern durch 4 teilbar sind oder 00 sind Beispiel: 124, 200, 640
5,	wenn am Schluss eine 0 oder 5 steht
6,	wenn die Zahl durch 2 und 3 teilbar ist
8,	wenn die drei letzten Ziffern durch 8 teilbar sind oder 000 sind Beispiel: 1000, 5 248, 872
9,	wenn die Quersumme durch 9 teilbar ist Beispiel: 477 – Quersumme 18
10,	wenn am Ende eine 0 steht